U0745966

高情商提问

牛津 ——— 著

天津出版传媒集团

天津人民出版社

图书在版编目（CIP）数据

高情商提问 / 牛津著 . -- 天津：天津人民出版社，
2020.11
ISBN 978-7-201-16555-4

Ⅰ . ①高… Ⅱ . ①牛… Ⅲ . ①提问－言语交往－通俗
读物 Ⅳ . ① B842.5-49

中国版本图书馆 CIP 数据核字（2020）第 202502 号

高情商提问
GAOQINGSHANG TIWEN

出　　版	天津人民出版社	
出 版 人	刘　庆	
地　　址	天津市和平区西康路 35 号康岳大厦	
邮政编码	300051	
邮购电话	（022）23332469	
电子邮箱	reader@tjrmcbs.com	
责任编辑	王昊静	
装帧设计	尧丽设计	
印　　刷	唐山市铭诚印刷有限公司	
经　　销	新华书店	
开　　本	880 毫米 ×1230 毫米　　1/32	
印　　张	7	
字　　数	150 千字	
版次印次	2020 年 11 月第 1 版　　2020 年 11 月第 1 次印刷	
定　　价	42.00 元	

你还要吃多少不敢提要求的亏

前不久去一家公司面试，面试时间是上午10点，我到那时前面已经有几位求职者在等候，于是我坐在椅子上耐心地听着他们的对话。这位经理很能聊，而且已经到了话痨那种程度，所以轮到我时，已经快12点了。

我不怎么爱说话，加上有点困乏，就简单地聊了几句。我本打算把准备的资料说一下，可是还没开口，对方就说："我看你做不了这个工作。"

我当时有点懵。回家的路上和朋友谈及这件事，朋友十分气愤："你为什么不反驳呢？这么不尊重求职者，如果我是你，一定当着他的面告诉他，'即使你录用我，我也不会到这么不守时、不尊重人的公司上班。'"

对于朋友的话，我反思了很久。我们总是学着尊重别人，却从来没有想过表达自己的想法也同样重要。这让我想起了近期的一档综艺节目，在节目里，101个女孩要争夺前11的位置，在其中一期中，一位选手想坐到前11名的位置上，于是直接走到已经进入前11

的选手面前说："不好意思，现在这个位置暂时是我的。"而对方迟疑了几秒，坚定地举手说："我要battle（对决）。"整个对话很自然，一点也不造作。为了自己想要的东西而提出要求，生活中的你做到了吗？

在工作和生活中，我们虽然有达成某种愿望或者想要一件东西的渴望，但是很多时候是行动上的矮子，比如想升职、加薪，却不敢向老板开口；想申请奖学金、争取就业机会，却不敢向导师寻求帮助；想要生日礼物或者对另一半有所期待，却不敢向对方提要求……我们可以自问一下：我多久没有提出要求了？

很多人都有这样的习惯——等着别人猜测自己的小心思，如果碰巧被猜中，心里便会乐开花。不过对方并非我们肚子里的蛔虫，也不会读心术，所以很多时候如果我们不说，对方根本不会知道我们在想什么。为什么不大胆地提出要求呢？也许你会说是害怕被拒绝。但是你知道吗？你提出要求是你的事，对方是否拒绝是他的事，这根本是两件事，为什么要混为一谈，给自己带来困扰呢？

敢于提要求还有诸多好处。我们发现，那些"胆子大""脸皮厚"的人，总是能够迅速地判断并抓住机会，把自己的内心需求大胆地表达出来，所以这些人会在机会到来的第一时间把想要表现的东西传达出去，因此往往更容易成功。

其实，敢于提要求的人不仅能得到物质上的回馈，还能得到心理上的历练与满足。从不敢提要求到敢于表达自己的需求，本身就是一种成长与历练。

目录

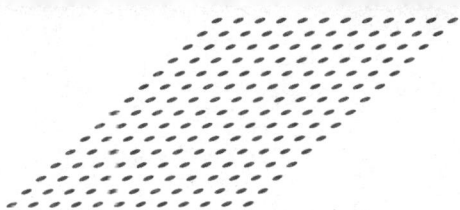

第一章

营养鸡汤：敢提要求就可以得到更多

　　试想一下：当你的努力和才能被忽略，或者付出没有得到回报时，你是否会因为不敢提要求而闷声自责？明明自己很想要，可就是不敢说出口，这种感觉真的很糟糕。但是，你要知道，对方又不是我们，怎么可能了解我们内心的真实想法，所以从现在开始，大胆地向他人提出要求吧，去追求自己想要的。

为什么不提要求？是否拒绝是他人的事

　　提出要求，你会得到三种可能的结果：第一，对方很爽快地答应了你的要求；第二，你的要求被对方明确地拒绝；第三，对方很犹豫，不知道是同意还是拒绝你的要求。

　　对方欣然接受固然好，被明确拒绝也别气馁，如果对方在犹豫，那么你还可以努把力，说不定对方会被你的气质折服呢。但是，如果你不主动提要求，那么结果就只有一种：你不仅得不到自己想要的东西，还会错失很多，比如一张麦当劳限时优惠券，或者是一次影响你职业生涯的晋升机会……

生活小剧场

　　前几个月，我因为一件财务纠纷去咨询一位律师，我们约定的谈话时间是半个小时，在谈完以后，临走时我想帮朋友咨询一些问题，不料却被律师拒绝了："你没有权利要求我额外的时间。"

　　我知道这样的要求不合理，而且我也是第一次知道，原来律师也是"卡表办事"的一类人，于是立刻解释："是的，我提出这样的要求很不合理，很抱歉！"

抛出这句话后，我能想象我们会以这样一种方式结束今天的谈话：他微笑着点点头表示没关系，或是贴心地来一句"没关心，这次真的是赶时间，下次我们还是多约一点时间吧"。

可令我诧异的是，或预想的情况并没有发生。律师扶了扶稍微倾斜的眼镜框，抬起头问我："你不允许自己提不合理的要求吗？"

"我能提不合理的要求吗？不合理的要求谁都不会接受吧？"我小声问。

"你可以提要求，不管是合理的还是不合理的，因为这是你的权利，而拒不拒绝是我的事，这是两码事。"

律师的回答虽然很简单，但令我非常震撼：是的，无论我提怎样的要求，这是我自己的事，而拒不拒绝是他的事。道理如此简单，可是我在将近三十多年的岁月中竟然丝毫没有意识到，所以我不敢提要求，尤其是那些自认为不合理的要求。比如，我有一段时间因为工作的原因总是加班加点，因为太累了，需要早睡，可是跟我一起合租的朋友每天都玩游戏玩到很晚，我几次鼓起勇气想和他说，可最后还是放弃了，因为在我看来我的要求是不合理的，凭什么我要早点睡觉，人家就必须配合我不玩游戏呢？

而事实上，当我明白这个道理后再去和朋友沟通时，朋友很爽快地说："你怎么不早说呢？最近影响到你休息了吧，我早睡一点就好了。"

你看，原来在我看来不合理的要求也被对方欣然接受了，而如果我不提，永远不知道对方会给出怎样的答案。

当然，很多时候提出要求会被拒绝，不过我们应该明白：既然提出要求，就有被拒绝的可能，这是一件很自然的事。我希望读者能明白这个道理，然后在"提要求"和"被人拒绝"这两件事上抛却那些没必要的心理负担，把它们当成一件很轻松、很平常的事情。

场景练习

从某个角度来讲，提要求是自己的事，而拒不拒绝是他人的事，这根本是两件事，所以不管怎么看，敢于提要求都是一件很合理的事。回顾以往的生活场景，你是否有过这样的体会呢？把自己的感想写下来吧。

我的感想：

_____

_____

_____

_____

敢提要求，你会得到你想要的

不可否认，我们的内心深处都潜藏着一个渴望被挖掘的愿望，但是每个人对待幸运之球的态度不一样，有的人从来不主动争取，只等着幸运之球砸中自己；而有的人则能主动张开怀抱去争得更多的可能，这样的人往往会得到更多的好运球——不是因为运气好，而是因为他们足够主动。

所以你会看到，那些敢于提出要求的人往往能得到他们想要的，而那些一直背对着前进方向，等着被"挖掘"的人，即使再努力也不容易被看到。

生活小剧场

老A在一家企业兢兢业业、任劳任怨地干了好多年，平时总是把工作放在第一位，忙的时候甚至连家里都顾不上，但即使是这样，一连几任部门主任竞选，老A都名落孙山。一次，老A的媳妇禁不住问："你这么辛苦，你们公司老总知道吗？"

"领导他心里有数，你放心吧。"老A很淡然地回答。

"领导又不时时盯着你，哪能知道你都干了些什么？"老婆不以为然地嘟囔。

果然，到了这一年的年底评选时，老A的升职愿望又落空了，反而同部门的另一位老员工得到了提拔。其实，这位老员工的资历还没老A老，经验也没老A丰富，但是他敢说话，在竞选部门领导时毛遂自荐，而老A则比较木讷，从来不提要求，也不敢提要求，自然被老总认为能力一般，不能委以重任。

小C留学回国后在一家投资公司做投资顾问，年薪10万。一年之后，再次谈论薪资问题时，老板问："你觉着自己的年薪多少合适，12万、20万还是30万？"小C思考了一番，回答说："20万。"

"为什么不是其他两个呢？"

"从严格意义上来说，我能创造出高于30万的价值，但是我不想给自己那么大压力，而过去的一年中，我创造的价值有目共睹，所以我选择20万。"

老板听后微笑着点了点头，就这样，小C得到了翻一倍的年薪。

你不说、不做、不表现，别人不会主动给你机会，更不会给你你想要的。案例一中的老A就是吃了不敢提要求的亏，而其同事则因为敢提要求，得到了提拔。

其实作为老板，想法都是一样的，那就是尽可能用最少的财力支出把能办的事办了。所以，案例二中小C能拿到翻倍的年薪，是他自己努力争取的结果；如果小C当时谦虚一点，不主动争取，老板绝不会主动给他20万年薪，那么小C的最终年薪很可能不超过12万。

　　所以请记住：你不主动争取，本该属于你的东西不会自己跑来；而主动争取，除了能得到属于你的东西之外，还可能有意想不到的惊喜。总之，如果你能以敢于提要求的心态和行为准则生活的话，那么就更有机会得到自己想要的东西。

场景练习

　　小A是一名部门主管，在做好本职工作之外，他还带领手下人创办出一个新型产品，一位客户愿意出10万元来购买该产品。小A陷入了思考：是否该向老板提出提成要求呢？

　　如果小A向老板提出提成要求，该怎么开口？请帮小A拿个主意。

_____

_____

_____

_____

给自己一个大胆提要求的理由

神经科学和心理学研究证明，当我们求助或是提要求时，往往会涉及一系列社会威胁，如不确定性、被拒绝的可能、让出主动权、丢面子等，这些都会刺激我们大脑中感受生理疼痛的区域。所以从这个角度讲，我们并不愿意向他人提出要求。

然而，无论是在日常生活还是在职场中，不求助他人或者不向他人提要求是根本不可能的，比如在职场中，同事之间相互提供的帮助，75%~90%来自直接请求和大胆提要求。

生活小剧场

小A在大学期间想出国留学，虽然他在学校的成绩不错，但因为竞争者众多，并没有拿到留学名额。眼看希望要破灭，小A经过多方打听，了解到还有一个空缺的名额，于是他就去找院长，希望院长能把最后一个名额留给他。

然而由于时间没把控好，当小A准备好资料找院长时，院长告诉他出国留学的流程已经结束了。一般人这个时候就会选择放弃了，但是小A没有放弃。他回去准备了一番后又找到了院长，见院长根本不理会自己的要求，就挤出时间在院长办公室门口等着，等院长下班后就打招呼："院长，您好，您还记得我吗？"院长没有搭理他。

第二天小A又到院长办公室门口等院长上班；中午见院长出来吃饭，小A依然站在那里跟他打招呼："院长，您好。"就这样一连三天，到了第四天的时候，院长终于忍不住了，把小A叫到办公室，主动询问了小A的情况。由于小A材料准备得很充足，而且又很执着，院长答应让他试试。

一周后，小A如愿以偿地拿到了留学名额。

你也许觉得小A的做事风格有些偏激，但是如果小A不这么做，他就不会得到出国留学的机会。正是因为小A敢于表达自己的想法和要求，才得到了自己想要的东西。所以，为什么要大胆地提出要求？很简单，只要你的要求不是那么荒谬，没有人会故意为难你，而你也会因此得到实质性的回馈——物质上的回馈和精神上的满足。

1. 物质上的回馈

在现今的物质社会中，每个人都有或大或小的欲望。满足自己的需求并让它成为现实，并不是什么丢脸的事；况且我们想要拥有的东西永远比实际拥有的多，这也是无可否认的事实。而如果想要让理想状态的需求变现，最简单的方式就是提要求，也就是说提要求能带来直接的物质回馈。

（1）向老板提出加薪、升职，老板同意了。

（2）向服务员要求优惠，省钱的同时得到了更好的服务。

（3）向朋友提出借钱请求，解了燃眉之急。

（4）向上级请求拨款，项目得以顺利进行。

2. 精神上的满足

提出要求其实是一种奇妙的精神体验行为。你有没有过类似的感受呢？小时候，向爸爸妈妈请求买喜欢的玩具，爸爸妈妈答应了，你那种高兴劲儿至今还记忆犹新吧；向老板提升职加薪，虽然战战兢兢感到害怕，但是如果通过，你会觉得提出的要求是有价值的，而且会变得更加自信；当你要付房子的首付，跟爸爸妈妈开口借钱时，他们大手一挥说"尽管拿去用"，其实你得到的不仅仅是金钱上的支持，还有父母无条件的爱……总之，提出要求且要求被满足后，能给人带来极大的精神上的满足。

（1）要求被满足后往往伴随着愉快的精神体验：兴奋、愉悦、自信等。

（2）提要求是表达自己需求的过程，如果被接受，你会感到自己获得了尊重。

（3）提要求本是一件积极主动的事，越是主动，越能证明自己的热情。

（4）敢于提要求会慢慢塑造你的性格，让你变得更加自信、勇敢。

场景练习 ▶

小A有个同事经常向领导报告情况、总结问题，与领导讨论解决方案，临近结项，还提出要奖金。而小A觉得谁更认真努力，领导一定会看在眼里，于是一直默默地做好自己的事情，结果年会上这个同事被评为优秀员工，而小A依旧默默无闻。

如果你是小A，你会怎么做？

如果我是小A，我会：

_____

_____

_____

_____

那些被拒绝"100次"的人都成功了

在每天的日常生活中，我们都躲不开一种并不是那么美好的滋味——被拒绝。比如，申请奖学金被拒绝，向喜欢的人告白被拒绝，向老板提出升职加薪被拒绝……尽管这些被拒绝的痛感很让人难受，但是请记住：被拒绝确实令人感到很难过，但是它并不是世界末日。而且被拒绝是一个能够让我们重新思考的过程。它能够帮我们发现问题，调整方向，提高下一次被接受和被认可的可能性。

生活小剧场

2017年的某一天，一个名叫蒋甲的华裔青年为自己制订了一个"找抽计划"：在100天的时间里，他每天向陌生人提出各种奇怪的请求。比如向一位保安借100美元；向汉堡店店员要"汉堡包续杯"；要甜甜圈店帮他做个奥运五环形状的甜甜圈；捧着一盆鲜花敲开陌生人的家门，请求将它种到对方家的后院里……如果你不事先了解，一定会觉得这个小伙子疯了，那么为什么蒋甲主动"讨拒绝自虐"呢？

对此，蒋甲在演讲时，分享了他小时候的一个遭遇。在他6岁那年，老师为了让学生学会表扬他人，组织了一次活动。当时所有学生都站到一起，每位同学都要找一位对象进行表扬。得到表扬的同学，可以回到自己的座位上。在活动的过程中，除了蒋甲，其他同学都得到了表扬，最后只剩下蒋甲孤零零地站在那里。老师不知所措，问教室里的同学："有谁愿意表扬一下蒋甲同学吗？"

教室里鸦雀无声，老师再次问："没有吗？"

在确定没有人回答后，老师转过头对蒋甲说："好吧，那你再接再厉吧，下次说不定有人会表扬你。"

这件事成了蒋甲心中抹不去的痛，他变得害怕被拒绝，同时他也暗自发誓：永远不要在众目睽睽之下遭到拒绝。后来蒋甲为了改变自己的这种状态，开始在网络上寻找解决办法。直到有一天，他意外地发现了一个加拿大人发明的"被拒绝治疗法"：主动向人提出不切实际的请求，并以持续30天的时间来挑战自己。蒋甲觉得30天还是太短了，他的目标是持续100天，他还在身上装了摄像头，以便事后分析自己的行为。

第1天，蒋甲在其公司楼下遇到一位保安，蒋甲鼓足勇气走上前说："您好，可以借我100美元吗？"

"不行，为什么？"蒋甲听到"不行"后便仓皇地转身跑了，因为他觉得这样非常尴尬。到家后他回看了录像的全过程，他发现拒绝他的保安并没有那么可怕，甚至还问他为什么，而自己什么也没做就转身跑了。他意识到自己明明可以做更多，却什么都没做，这简直就是自己人生的常态——一被拒绝就逃之夭夭。为了改变这种状况，蒋甲决定，无论第2天发生什么，他都不能逃跑。

第2天的"任务"是到汉堡店请求"汉堡包续杯"，服务员耐心地问："什么是汉堡包续杯？"

"就像是饮料续杯呀，只是换成汉堡包。"蒋甲解释道。

"不好意思，我们没有汉堡包续杯。"服务员摇了摇头。

蒋甲又被拒绝了，不过他这次没有逃跑，而是说："我真的很喜欢你们的汉堡，如果能做到汉堡包续杯，我一定爱极了你们。"

"好的，我会向经理汇报，但是今天真的没有，很抱歉。"服务员和善地说。

虽然结果仍然是被拒绝，但是蒋甲的心态已经发生了变化，因为相对于第1天慌张地逃掉，他今天的表现真的是进步了很多。

蒋甲计划要奥运五环形状的甜甜圈，他走进一家甜甜圈店询问服务员："你能为我做一些奥运五环形状的甜甜圈吗？就是把五个甜甜圈连起来……"在提要求时，蒋甲已经做好了被拒绝的准备，可令人惊讶的是，服务员居然开始认真构思如何满足他的奇特要求，甚至拿出笔来在纸上写写画画，思考怎么制作。就这样，15分钟后，蒋甲得到了奥运五环形状的甜甜圈，这令他十分感动，他原本以为一定会被拒绝的事却得以实现。

也正是从这天开始，他的人生完全颠覆了。他把视频传到网上，浏览量竟超过了500万。于是，视频里的主角蒋甲红了，他因此周游美国做演讲，还登上了TED的讲台，出版了自己的书，他甚至还帮经验不足的妻子克服心理障碍，成功进入招聘录取率不足0.5%的谷歌公司工作。

从蒋甲的故事中可以看到，我们往往因为害怕被拒绝而不敢提要求，其实这种害怕很多时候并不是真实存在的，而是我们自己想象出来的。我们经常被自己制造出来的尴尬或是恐惧吓跑，而事实上，如果我们敢于提要求，虽然也会遭到拒绝，但是更大的可能性是会被接受，并且当我们采用更灵活的方式去争取时，争取到的概率会大大提高。

其实不仅仅是蒋甲，世界上没有任何一个人的成功是不经历失败和拒绝的：在《哈利·波特》系列的第一本被出版之前，J.K.罗琳被拒绝了无数次；美国畅销书作家史蒂芬·金在出版第一本书之前也被拒绝了N次。不过当遭遇拒绝时，这些人并没有让拒绝困住自己，而是更加积极努力地去争取，用蒋甲的话来说就是："当你在人生中遭遇拒绝时，不要逃跑，如果你拥抱它们，它们会成为你的礼物。"

场景练习

回想一下自己的过往，曾经提过哪些记忆深刻的要求？有哪些要求是自己一直想说却因为种种原因没有说出来的？从现在开始，给自己制订一个计划，把那些以前想开口说却一直没提的要求写下来，然后去实践。

请按照给出的例子填写表格。

我要提这些要求	得到的回复	我的反思

场景练习答案

为什么不提要求？拒不拒绝是他人的事

你要知道，除了真正关心你的人，没有人会太过在意你。有时候不敢提要求仅仅是因为怕失去面子，但是这会令我们错过很多东西，比如升职加薪、本该有的爱情、生活中的便利优惠等。

敢提要求，你会得到你想要的

可以这么说："老板，这次我主导的这个项目市场前景很大，现在陆续有客户开始购买，您看是否要考虑下提成的问题，调动一下员工的积极性，争取把这个项目打造成咱公司的重点项目？"

给自己一个大胆提要求的理由

像同事学习，在工作时间和闲暇时间多和老板沟通，打通交流壁垒。做好自己的本职工作，态度积极一点，和老板接触多了，老板自然会看到你的努力。如果理应升职加薪，要大胆地提出来。

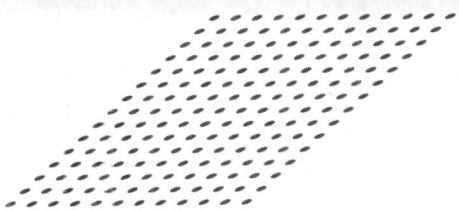

第二章

心理训练：排除不敢提要求的
心理障碍

为什么不敢提要求？因为我们习惯于在还没提出要求之前，就自己设置了太多的心理障碍，把提要求这件事想得很困难、很复杂，又或是因为害怕被拒绝、不想麻烦别人而一直拖延着不去说。然而事实上，当我们鼓起勇气真正去表达自己的需求时，事情比我们想象的要简单得多，所以有的时候，我们的困扰不是对方造成的，而是我们自己造成的。

被拒绝并不代表你不好

不敢提要求最直接的原因是害怕被拒绝，但是你知道吗？被拒绝并不代表你不好。当我们表达需求时，总会有人接受，也会有人反对；当我们提出某个要求时，别人也没有理由完全围着我们转，给予我们肯定，因为我们并不是这个世界的中心。我们需要明白的是，被别人拒绝和我们本身好不好并没有多大关系。

生活小剧场

小A从高二就开始暗恋同班的一个女孩子，他想要表白却因为害怕被拒绝而迟迟不敢开口。毕业晚会上，小A终于鼓起勇气向女孩子表白，就像很多电视剧里的桥段一样，但小A的第一次表白失败了。

小A感到很失落，很没面子，可是一种叫作"喜欢"的因素促使小A进行第二次表白，而毫无意外，第二次表白也失败了。小A告诉自己事不过三，准备再尝试一次，于是第三次开口……然而，小

A的执着和努力并没有打动女孩，接二连三的被拒绝使得小A不禁怀疑自己：真的是因为自己太糟糕吗？

在追逐这段恋情的过程中，傻傻的小A钻进了牛角尖，在多次遭到对方拒绝后，产生了否定自己的想法。你有过类似的经历吗？或是向喜欢的人表白被拒，或是向领导提出升职的请求被拒，又或是向客户销售产品被拒。

很多时候，人们太容易钻牛角尖，以至于形成了一种错误的反射方式：当对方说"我们不合适"时，会认为是因为自己不够好；当领导说"这个职位已经有人选了"时，觉得是自己能力不够；当对方说"我已经有同样的产品了"时，会觉得是自己的说辞没能打动对方。

而实际上，在你提出要求时，对方的拒绝更多的只是单方面的拒绝——仅仅是对方的一种态度，或者是对方对其自身考虑做出的最优选择而已，所以被拒绝并不意味着对你人格及价值意义上的否定。被拒绝后的妄自菲薄其实是你给自己造成的困扰。

既然被拒绝是生活中的一部分，就应当将其看作一件积极的事，而不是把它当成是对自己的否定。这样看来，被拒绝其实不是给我们带来伤害，而是在告诉我们要找到更好的方法来解决问题。你懂得其中的道理了吗？

场景练习

　　小A曾经向一个暗恋了3年的女生表白，很可惜被拒绝了，这给小A留下了阴影。因为小A一直觉得是因为自己不够好才导致表白被拒，所以现在即使碰到喜欢的女孩子他也不敢去追，怕对方看不上自己。

　　如果你是小A的朋友，恰巧又听到此事，你会怎样开导小A，给小A加油打气？请把想法写在下面的横线上。

_____

_____

_____

_____

丢掉提要求时的不好意思心理

很多时候，我们不是不敢提要求，而是不好意思提要求。这种不好意思的心理障碍不仅会影响提要求时的效率，还会让我们形成一种思维方式，对我们的行为方式产生影响。

生活小剧场

舍友在加班加点写稿子，为了不影响舍友，小A带上了耳机玩手机，而隔壁在看世界杯，又在喝酒，因为房子隔音不好，所以嘈杂的声音传了过来。看着舍友抓耳挠腮的样子，小A忍不住问："怎么了，大编辑？没有思路吗？"

"不是，隔壁太吵了，总是打断我的思路。"

"那你为什么不去跟他们说一下，让他们小声一点呢？"

"我……不好意思。"舍友小声说。

小A歪了歪脑袋，欲言又止。

已经很晚了，舍友还没有回来，电话也打不通，小A有点担心。正在这时，一身疲倦的舍友回来了，小A关切地问："怎么这么晚？"

"别提了，手机没电了，公交卡也没钱了，走回来的。"

"傻啊你，怎么不借点钱呢？"

"跟谁借啊？我不好意思。"

小A摇了摇头，真是败给这个"不好意思"的舍友了。

你身边有类似的朋友吗？你是那个不好意思提要求的人吗？因为不好意思，想必你吃过很多亏，请你认真回想一下：上一次不好意思是什么时候？因为不好意思提要求吃了什么亏？（给你一分钟的思考时间）

好，现在我们来分析一下不好意思提要求到底是怎样的一种心理活动。需要注意的是，在阅读下面内容的同时，要让大脑运转起来，即把你刚才想到的不好意思的事放到一起分析一下。

其实人之所以产生"不好意思"的心理，是因为内心的自我保护机制在起作用，简单来说是为了规避一些情绪上的损失。你不好意思去提要求（试着联想你刚才想到的事），可能有以下原因：害怕丢了面子；担心被别人拒绝，那样会很尴尬；觉得对方不会同意，索性不提了；害怕被别人批评指责；害怕负面评价；担心会起冲突；等等。

当然，导致你不好意思提要求的心理因素有很多，可能是单一因素，也可能是几种因素叠加的结果。举一个简单的例子，你不好意思向男朋友（女朋友）借钱，可能是你在恐惧自己说错话；可能觉得这是一件很尴尬的事，会很没面子；又或者是害怕对方对自己产生误解，对自己产生负面评价。

在了解了提要求时会不好意思的心理特征后，我们需要一些实用方法来突破这种不好意思的阻碍，让自己变得"好意思"起来。

1. 心理激励法

在提要求时先这么想：你又不是别人，怎么知道别人的想法呢？你害怕的某些想法其实并不是别人对你的真实看法，而是你对自己的看法，只不过通过想象由别人表达出来。你不好意思向别人提要求，害怕给别人添麻烦，害怕别人对自己有看法，那么，当别人真向你提要求，给你添麻烦的时候，你觉得别人很讨厌吗？你会对别人有负面的看法吗？当然不会。同样的道理，当你提出要求时，对方也并没有对你有什么看法，他们关心得更多的是该不该答应你。

2. 好处诱导法

用提要求得到的好处诱导自己，激发提要求的动力。比如你不好意思要同学帮忙倒杯水，你可以想：如果我这样做了，我不仅不会错过电视节目的精彩片段，还能享受到被服务的感觉。

3. 损失警醒法

估算一下不提要求带来的损失，以此来激励自己，比如公司有个岗位空缺，你想和老板提出换岗的请求，但是不好意思，这时你可以想：这个岗位比之前的岗位更有发展前景，而且竞争者众多，如果我不争取肯定不会落到自己头上，这么轻易错失一个好职位真有点可惜。

4. A、B替换法

把A当作B去看待，以此减少提要求时的心理排斥。比如，你不好意思要对方购买你的产品，那么你可以把这项工作当成是一个测试——搜集不同客户对推销人员的态度。这样一想，可以减少被拒绝带来的一些负面情绪。

场景练习

小A的闺蜜跟她诉苦，说她的公司需要融资，但是始终没找到合适的人，小A说："你男朋友那么有钱，你可以跟他说啊。"

"那不行，我怎么好意思，而且万一被拒绝了多尴尬。"

如果你是小A的闺蜜，遇到类似的问题，你会向男朋友提吗？如果开口，你会用什么样的方式呢？

假如是我，我会这样做：

_____

_____

_____

_____

懂得"麻烦别人"才能担更多的事

　　总是默默一个人扛起很多事，却不敢向他人提要求，虽然工作很忙、很疲惫，却不敢向领导要求支持，总觉得这样就能担起责任，把事情做得更好，可结果往往弄得一团糟……没错，这就是真实的你——那个不好意思麻烦别人，给自己带来无穷烦恼的你。

　　其实很多人同你一样，总是在不懂得麻烦别人的圈子里自讨苦吃，为什么不提出要求呢？毕竟你不是超人。

生活小剧场

　　最近公司准备组织一场大型论坛会，小A作为策划部的主力，拿出了一套十分不错的策划方案，于是领导就将具体安排的任务交给了小A。为了做好这次活动，小A开始了周密的准备工作，为此他还列出了长长的执行清单：

　　1. 外联方面：邀请高校教师、业内公司客户和论坛知名大V参加。

　　2. 现场布置：确认现场布置风格、会议设备、会议材料及会场音乐。

3. 现场组织：安排接待、引领、现场直播等。

4. 论坛组织：寻找主持人、代表发言人。

5. 餐饮方面：会场糕点、水果、饮品以及会议餐的安排。

6. 后续工作：组织清理现场、归还租借设备、结清款项、安排答谢仪式等。

虽然这次活动是在商务酒店举行的，有酒店服务人员的配合，但具体实施起来依然是千头万绪，小A一连加了几个晚上的班，感觉还是忙不过来。其实小A想请其他部门的同事来帮忙，比如外贸部帮着做外联，行政部帮着布置现场、组织论坛，后勤部负责饮食方面的安排。可是小A却左拖右拖，始终没有提出来，他默默地想：这个活动是在周末举办，会打扰到其他部门的同事吧？领导把任务只交给了我一个人负责，如果说忙不过来，会不会显得自己太没能力？外贸部的小张特别厉害，平时就难以接近，就算跟他说也会拒绝我吧？……

就这样，小A自己硬生生地把整场活动撑了下来。结果可想而知，会议过程简直成了事故现场：一会儿灯泡不亮了，一会儿话筒不响了，一会儿背景音乐放错了……虽然小A已经很努力了，但是结果依然很糟糕。

不可否认，小A很优秀，也足够用心、努力，可是小A不是超人，不可能做到事无巨细。他完全可以向领导提出要求，请其他部门的同事来配合，但最终因为种种顾虑，把所有的工作都揽到了自己身上，结果把自己弄得身心疲惫不说，还把事情搞砸了。

习惯于自己担当的人往往更害怕别人的拒绝和否定，即使是压力山大也会默默承受。每次都是直到自己扛不住了，才发现结果不是自己想要的。可是为什么当初不提要求呢？所以，不会麻烦别人真的会让自己很累。从现在开始，试着不怕麻烦别人，试着去提要求、提请求，要记住你这么做不是为了麻烦别人，而是为了能担当更多的事。

场景练习

小A是一个可爱的90后小姑娘，大家都觉得她人缘特别好，因为她总是喜欢笑眯眯地麻烦别人，而且如果别人一次不答应，下次她还会麻烦对方。

有一次，朋友很不解地问小A："既然人家不愿意帮你，你怎么还厚着脸皮缠着人家？"小A说："每一个人，我都只会麻烦他三次。第一次拒绝，可能是各种原因，我理解；第二次拒绝，可能是确实没有时间帮忙，我也理解；但是如果超过三次，他还是拒绝，那么我就不会再麻烦他了。"

你赞成小A的处世哲学吗？你会通过"麻烦别人"的方式建立自己的人脉关系吗？简单谈谈自己的想法。

_____

_____

_____

_____

不敢直接提要求？其实是怕受到伤害

假设这样一个场景：在咖啡厅里，一个特别漂亮的姑娘在优雅地喝咖啡，你特想认识她，想要她的电话。这时你会怎么做？你可能会冒充咖啡厅的工作人员，以调研的名义留下她的电话。或者假装手机没电了，过去借用一下她的手机，给自己拨个电话。但是你知道吗？实际上这些方法并不可取，这会让女生误认为你这个人有心机。相反，如果你能大方地走到她面前说"嗨，我想认识你一下，可以留个电话吗？"，这样要到电话号码的成功率会更高。

在工作和生活中，类似场景比比皆是，为了不让要求显得那么直接和生硬，我们往往会在提要求前铺垫一番，直到感觉时候差不多了，才小心翼翼地提出自己的想法和要求："最近手头紧，之前借的钱能先还我吗？"我们看似在用一种令人舒服的方式来提要求，可事实上，这种遮掩目的、旁敲侧击的表述方式并不怎么高级。

生活小剧场

小 A 负责跟进一个项目，其间需要对方结清部分款项。小 A 找到对方的负责人谈及此事，拐弯抹角地做了很多铺垫，旁敲侧击地提醒客户：项目执行到这，你们该付钱了。但是客户没有明白小 A 想要表达的意思，问："你们想要我们干吗？"

小 A 愣了一下，没有想到更好的策略，只好忍着尴尬，硬生生地说："项目到了这个阶段，咱们要先付一部分项目款。"

对方这才恍然大悟："付款的事情啊！早说嘛，您这边不说，我们也不知道怎么安排合适……"

相信不少人有类似的习惯，为了顾及别人的感受，或是避免让人尴尬，遵循所谓的"己所不欲勿施于人"的原则，选择一些拐弯抹角的套路，让别人去领会自己的意图。说实话，这样真的很累，而且有时候拐弯抹角地提要求并没有什么效果，还不如直接坦率来得真诚。

我们不敢直接提要求，既怕让别人难堪，又怕自己受到伤害，因为无论提出什么要求，都有可能被拒绝，而一旦被拒绝，就会出现尴尬、窘迫的情况。没有人喜欢被拒绝的感觉，这实则是我们内心的防御机制在起作用。

而之所以怕受到伤害，是因为我们太在乎自己，太在乎别人眼中的自己。其实，就像是世界上没有两片完全相同的树叶一样，我们每个人的思维方式也大不一样。比如，同一件事情，我们觉得难以接受，但是别人未必觉得如此，所以在提出要求时，我们完全没有必要根据自己的猜测和臆想来判断别人的感受，胡乱给自己添堵。相反，只要直接大方地提出自己的要求即可，渐渐地你会发现，多数时候，对于你的要求，别人并不会觉得尴尬或者被冒犯，也不会那么在意。

场景练习

在日常生活中，小A是一个不敢向他人提要求的人，因为他害怕别人会对自己有意见，害怕别人说："你的事可真多，提出这些要求！"也正是基于这一点，小A有一些自卑。

请站在知心朋友和心理专家的角度帮助小A突破心理障碍，让他勇敢地表达自己的需求。

_____

_____

_____

_____

场景练习答案

被拒绝并不代表你不好

我会这样说："每个女生关注的点都不一样，因此每个女生所喜欢的男生类型也不一样，有的喜欢大大咧咧的，有的喜欢文静的。正所谓'萝卜青菜各有所爱'。所以被拒绝并不代表你不好，只是你们不合适罢了。漫漫人生，总能找到适合你的。"

丢掉提要求时的不好意思心理

我会说："亲爱的，你想一夜暴富吗？你想功成名就吗？你想当老板吗？来我们公司融资吧，我们齐心协力把钱赚。"（为了避免尴尬，可以以开玩笑的口吻试探男朋友的态度，如果对方没有抗拒，再认真地询问一下。）

懂得"麻烦别人"才能担更多的事

钱钟书在《围城》里讲，最好的恋爱方式是"借书"。而建立人际关系也应该如此。很多人怕麻烦别人，但是不麻烦别人，关系也就无从建立。麻烦别人本质上是协作，懂得适时向别人求助，往往更容易将事情促成，还可能实现双赢。

不敢直接提要求？其实是怕受到伤害

我会这样劝导小A："在日常生活中提要求是一种正常诉求。如果你是生活中的'佛系'老好人，一定要从现在开始走出画地为牢的舒适区，勇于提要求，甚至提一些超出他人能力范围的要求，这样逼迫自己改变，或许你就真的变了。"

第三章

⋮

打足底气：做好5项准备工作有备无患

"工欲善其事，必先利其器。"在提出要求之前，我们有必要进行适当的准备，给自己打足底气，让自己变得自信、勇敢起来。举一个简单的例子，很多人向老板提加薪，但是什么也不准备，结果当老板问他们能给公司带来什么的时候，这些人根本不知道该怎么回答。也就是说，在想要什么之前，必须要先考虑自己能给别人带来什么，这样就等于有了提要求的资本，同时也能获得对方的信任和尊重，这时再大胆地去索求，就不会被轻易拒绝。

做好心理准备：消除紧张、焦虑情绪

在提要求时常常会伴有紧张、焦虑的情绪，尤其是在向位高权重的人提要求时，这种感觉会更强烈，甚至会伴有一些生理现象：双腿不自觉地发软，嘴唇不自觉地发抖，讲话时支支吾吾或语无伦次。

生活小剧场

一次，小A拿着做好的策划案和客户沟通，不巧的是，原来对接的客户有事不能来，要小A直接找老板谈。小A不由得有点胆怯，在见到老板后更是紧张加剧，本来准备好的说辞全然没有用上场，甚至在描述策划案的过程中也断断续续、丢三落四，在谈及合同合约时，本来应该争取的东西却一直在妥协，虽然价格压得够低，但是鉴于小A的表现，最后对方以方案不成熟为由拒绝了小A的提案。

心理学家认为：紧张是人体一种有效的反应模式，是应对外界刺激和困难的一种方式。紧张的情绪，能够让人产生应付瞬息万变的力量。所以在提要求时，感觉到肾上腺素的冲击是很正常的，这种感觉和在公众面前演讲的紧张感类似。但是，在某种程度上，紧张和焦虑会影响提要求的效果，因此，在提要求时一定要做好心理准备，尽量不被不良情绪左右。

那么，该怎么消除提要求时的紧张、焦虑情绪呢？以下是几个小建议。

1. 写下自己的恐惧和担忧

恐惧是看似真实的假象。其实很多时候，我们恐惧或担心的事情并不会发生，比如你不敢和老板提要求是怕被老板骂一顿，这种情况只是你的臆想，实际上并不可能发生。而处理恐惧和担忧的最好方法就是把它们写下来，然后问自己几个问题：

（1）我真正担忧的是什么？

（2）我能采取什么措施？

（3）怎样才能避免最糟糕的情况？（如在说话方式上下功夫）

（4）我做好被拒绝的准备了吗？

2. 调整好自己的心态

由于意识里的无知，我们会无形地放大内心的恐惧和紧张感，这属于心态问题，所以在提要求前要保证自己的心态平和。其实你可以这样想：不就是提个要求吗？被拒绝又能怎样呢？生活该怎样还是怎样。

3. 做好充足的准备

紧张情绪无外乎是由心里对某件事没底气造成的，而当做足准备后，自然就有了底气。所以在提要求前要尽可能做好整个规划，例如怎样提要求、怎样沟通等，切忌想到什么就去做什么，这样往往会造成思路混乱，达不到想要的结果。

4. 深呼吸几次

不要小看这种消除紧张感的方式，这种方式很管用，在你推开领导办公室的门之前深呼吸几次，并默念着自己要提的要求，比如涨工资，然后自信满满地提出你的要求吧。

场景练习

小A在一家小公司做程序员，因为公司规模较小，接的项目也是一些相对简单的小项目，所以小A虽然来了两个月，但是工作很轻松，日常的任务就是维护下网站，做些简单的修改。小A觉得一直这样下去很难学到什么东西，于是准备提出辞职，可是每次走到经理办公室的时候都莫名地紧张，怎么都克服不了，更别提开门进去了。

试着用前面学习到的方法，结合自己的经验，帮助小A向老板提出辞职。

如果我在小A身边，我会这样帮助他：

_____

_____

_____

_____

提要求前认清自己能付出多少

在提要求时，我们往往考虑更多的是自己的要求能不能被接受，却很少去考虑对方能得到什么好处，殊不知这也是被拒绝的主要原因，因为很少有人会在那些得不到利益的要求上费功夫。

生活小剧场

最近公司到了涨薪季，小A看到不少同事都拿到了不错的薪资，有点羡慕。小A暗自思忖：自己来了大半年了，工作做得也还算可以，应该和老板提提涨工资的事儿。于是小A来到了老板办公室说："肖总，我来公司大半年了，在工作中也没出什么大问题，平时干活也很踏实，您看……"

老板想了想说："你的情况我大致了解，不过你知道为什么同一个岗位，有的人挣得多，有的人挣得少吗？其实每一位老板在定夺工资标准时都会有诸多考量，最直接的是和效益挂钩，如果这次给你涨工资，你能给公司带来什么呢？或者说直接的效益是什么呢？"

小A想了半天，不知道怎么回答，把自己弄得很尴尬，只好客

套了几句，灰溜溜地退了出来。

有一些很有意思的人，他们往往敢于向老板提出各种要求，也能得到老板的仔细倾听，但在最后，老板大多会问这样的问题："你能给公司带来什么？"而很多人根本不知道领导想要什么，自己能给予什么，于是便灰溜溜地退了回来。就像文中的小A一样，趁着公司的加薪风，或是觉着自己很努力，应该加薪了，就毫无准备地去和老板谈涨薪，结果不仅被拒绝，还把气氛弄得很尴尬。

其实，很多时候老板之所以不答应你的请求，是因为他认为你的能力、你给公司带来的价值不值你要求的薪资，或者说你现在做的事别人也可以做，而且还不用支付更多的薪水。所以在提要求前，我们有必要好好问一下自己：如果对方满足了我们的需求，我们能回报什么？要知道我们能给予的那些东西将会成为要求被接受的重要筹码。

场景练习

如果希望提出的要求被同意，那么就不能只关注自己，而应该学会思考别人的利益。假如你现在想要和老板提涨薪，在开口之前你想到了哪些问题？顺着给出的思路写下你认为应该考虑的问题。

这个要求会让对方处于更好的处境吗？

同意我的请求对对方有什么好处？

怎样才能让对方觉得我考虑了他的利益？

_____

_____

_____

_____

知己知彼：了解对方是什么样的人

在提要求前先做一点功课，了解一下对方是什么样的人，是内向还是外向，是喜欢直截了当还是喜欢委婉含蓄，这样不仅可以帮助我们做到尊重各种性格的人，还能提高提要求的成功率。

生活小剧场

小A正要出门，电话铃声响了，打电话来的是一位许久不联系的朋友。

"最近怎么样？"

"还行吧。"

"那就好，咱可有些日子没聚了。"

"还真是，要不找个机会坐坐？"

……

十分钟以后，这位朋友还在扯那些有的没的，小A向来不喜欢扯皮，于是直接问："你找我是不是有什么事啊？"

"哪有？就是挺长时间没见面，想找你唠唠。"

"那行吧，再晚我赶不上公交车了，回头再唠吧。"

说着小A就要挂电话，可那头的朋友却急了："你看你这人，以前上班就急急忙忙的，对了，说到上班，你们单位忙吗？"

小A顿时感到不耐烦了："你到底有什么事？"

朋友听出小A有点生气了，于是赶紧说："其实我是想问你们单位还招人吗？我一个远房亲戚拜托我，你看能不能……"

小A这才明白，原来这位久不联系的朋友扯皮都是为了这事儿，直接说不就好了吗？用得着这么弯弯绕绕吗？小A越想越烦，于是回复说："我们单位是缺人，不过不是谁一句话就能进来的，好了，先不说了，我要赶着上班，就这样吧。"

说完小A便挂了电话，而电话那端的朋友自然也十分尴尬。

小A的朋友想找小A帮自己的亲戚介绍工作，可是在请小A帮忙时绕来绕去，而小A最烦的就是这一套，结果碰了一鼻子灰。说到底这位朋友是没摸清小A的脾气秉性，如果事前准备一下，换一种表达方式，也许结果就不是这样了。

所谓"知己知彼，百战不殆"，在提要求之前，我们有必要摸清楚对方是什么样的人。一般来说，根据所求对象的人格特质进行划分，有以下四类：

1. 决策型

一般来说，老板或公司的领导大多属于这类人，他们喜欢简单有效的方式，办起事来注重效率且喜欢做决定，向这类人提要求时注意不要闲聊一些琐碎又无意义的话题，尽可能用有逻辑性的简洁话语，避免打感情牌。

2. 权衡型

相对于决策型的人，这类人在做决定之前往往需要更多的考量和比较。这类人很细致，如果你提出一个方案，他们会把你的方案和其他方案进行比较，从而选择最优的方案，这样一来你的方案就得经得住考验，如果是草草了事，一定会被拒绝。所以向这类人提要求时，一定要准备充分，而且还要尽量避免那些跳过流程或不符合规章制度、十万火急的请求。

3. 吸引型

这类人一般性格比较外向，而且往往有较好的人际关系。向这类人提要求，要尽量调动你的情绪和智慧，让要求变得有意思些。如果做不到，起码让你的说话方式有意思些，千万不要搞那些无聊的话题或严肃的陈述。

4. 友好型

这类人一般比较友好，会让人感到舒适、友善，不过这类人往往很注重礼仪，所以在提要求时千万要注意礼貌，同时要表现出对他们的尊重，切忌使用一些小伎俩去骗取他们的同意。

此外，我们还应该了解对方偏好的说话方式。比如有些人喜欢委婉含蓄，那么提要求时就要尽量委婉些，不要太直接；有些人喜欢直来直去，那么提要求时就不要绕圈子。

场景练习 ▶

小A被邀请参加一个展览，但是公司正在限制出差经费，而上司又是一个极度吝啬的人。

如果你是小A，你会怎样向上司提出请求呢？

我会说：

_____

_____

_____

_____

明确自己的目标和期望

在提要求之前一定要先问自己：我想沟通什么事？我想达成什么目标？我怎样才能达到目标？在整个沟通的过程中，还要明确自己的目标和期望，然后坚持下去。

生活小剧场

小A在公司里的位置有点尴尬：刚来公司的时候，行业整体薪资比较低，后来每年都涨，但是涨幅比较小，所以就形成了一个尴尬的情况：他现在的薪资几乎和新员工差不多。小A觉得很不公平，自己能力也有，也算是公司的老员工，待遇方面却和新员工差不多，甚至一些新员工的基本工资比自己还高。小A决定向老板提加薪。

可是老板这样回复他："说实话，这些年多亏了你们这些老员工撑着，公司才能坚持下来，现在公司的状况你们也是了解的，公司正在发展壮大的过渡期，需要一些新鲜的血液来注入公司，而新员工的学历较高，为了吸引人才，只能花高薪聘用，希望你们老员工多多理解啊……"

　　小A本来是去提要求的，可是却被老板的苦情牌绕进去了，最后竟然忘了自己来的目的，反而觉得自己作为老员工这时更应该支持领导，做好自己的本职工作，起好带头作用。

　　老板都是能言善辩的说服高手，如果在提要求时不能明确自己的要求和期望，很有可能会被老板牵着鼻子走，结果本来能争取到的东西也会从手边溜走。

　　我们的时间是宝贵的，为什么要浪费自己的努力呢？为此，在提要求时一定要专注于自己想要的，弄清楚怎样的结果是成功的，弄明白需要妥协时怎样的结果是可以接受的，这样才能够帮助你更清晰有力地表达需求并取得成功。

　　举一个简单的例子：在谈判时，有些人在提要求时看到自己的要求被接受了，不知道适可而止，又提出了更多其他的要求，这些计划之外的要求引起了对方的反感，结果连之前的要求也被否决了。

　　还有一种情况：自己知道自己想要什么，但是在沟通时没有清楚明确地告诉对方自己想要什么，而是通过种种暗示要对方猜测。事实上，这种方式很糟糕，因为大家都很忙，没有人喜欢自己的时间被浪费，也没有人喜欢花很多时间和精力去猜度别人的想法，所以在提要求时不仅要明确自己的目标，还要清晰明确地表达出来。

场景练习

公司最近搞了个培训计划，小A想加入锻炼一下自己，可是小A发现参加培训的都是一些精英人员，自己经验尚浅，不知道自己能否被领导接受。小A思前想后还是拿不定主意。

当你把想要提的请求写下来时，这种仪式感能给你力量，并能提高你对事情的关注度。如果你是小A，你会怎么办？把想提的请求写下来，然后替小A去实现吧。

_____

_____

_____

_____

场景练习答案

做好心理准备：消除紧张、焦虑情绪

我会对小A说："或许你一直是站在感情、感恩的立场上看问题的。但是你才来公司两个月，对于公司而言，你提出辞职并不会亏欠对方什么，所以不必有心理压力，也不要觉得不好意思。"

提要求前认清自己能付出多少

我提的要求合理吗？能给公司带来多大效益？我提要求的筹码是什么？我有足够的价值让老板加薪吗？

知己知彼：了解对方是什么样的人

"老板，今年的×××博览会有来自各个一线公司的专家，会提供很多成熟的经验及行业视野。对依靠市场导向的行业来说，我们首先得抓好市场，按照市场所需部署战略。而且作为团队管理者，我也深知需要提升自己，这次的坐镇嘉宾都是行业大咖，通过了解他们公司的运营模式和经验，能够给我们很大的帮

助。而且我们还可以和参展的同行建立业务合作和资源互换关系。所以这次的展览我们一定不能缺席（言外之意是让老板做好掏腰包的准备）！"

明确自己的目标和期望

如果我是小A，我想提的请求是："老板，我想加入公司的培训计划锻炼一下自己。作为公司的员工，我一直在努力提升自己的实力，现在有这么好的机会我想多充实一下自己，这对我目前的工作会有很大的帮助。"

第四章

·

投其所好：用对方喜欢的方式提要求

同样一个要求，张三提被接受，李四提就被拒绝，不是要求有问题，而是提要求的方式不对。如果在提要求时保持尊重的态度，然后用对方喜欢的方式去交流，给出提要求的理由，那么除非你的要求荒诞不经，否则对方都会认真考虑的。

尊重人的态度是提要求的前提

　　罗伯特·西奥迪尼在他的心理学著作《影响力》中有这样一句话："人们经常会礼尚往来，如果对方以礼相待，你也会以礼待之。"反过来同样适用，如果我们在提要求时表现出礼貌、尊重的态度，那么对方也会很礼貌地回应你。

生活小剧场

　　小A毕业后进入一家钢结构公司，入职培训后不久，领导要小A到分公司工作。小A很不情愿，但是考虑到新入职就不遵从领导的安排有点不合适，于是就接受了领导的安排。不过在临走之前，小A表达了自己的想法：在分公司会好好干，希望一年后再调回来。

　　在将近一年的时间里，小A确实很努力，几个大项目都跟着领导加班熬了下来。小A想：自己表现不错，而且来之前就表达过回总部的想法，应该不会被拒绝。于是在某周一的早上，小A直接找到分公司的领导说："经理，我还是希望回总部办公，您看怎么安排？"

　　"这件事太突然了，先等等再说吧。"领导说。

"可是来之前就说好了啊。"小A觉得领导是在敷衍自己。

"你是提过想要调回去的想法，可是你说回去就回去，现在手里的工作怎么办？"领导低着头声音很闷地说。

小A顿时觉得很委屈：自己当时来的时候就说清楚了，而且当时是因为领导说分公司更需要人才才来这边的。小A越想越生气，在之后的工作中和领导说话的态度很不好，而领导也没再谈调她回去的事。小A不由得怒从心头起，直接一封邮件告到了总部，在邮件中小A详细地介绍了自己来分公司前的说辞、自己在分公司优秀的工作表现，以及现在要回总公司的合理性，要求公司一个月内给予答复。最后为了强调，小A还特意加上了这样一句："如果不同意，我会对咱们公司的信用以及以人为本的文化感到很失望。"

结果可想而知，小A并没有得到总公司的有效回应，反而给公司高层领导留下了不好的印象。

案例中的小A提的要求是有理有据的，但是为什么会接连碰壁呢？其实在整个提要求的过程中小A的态度有问题。首先是工作态度：工作不是过家家，如果想申请调回总部，流程总是要走的，不可能说走就走，放下手中的工作是不负责任的表现。其次是对上级的态度：在遭到拒绝后，小A对领导的态度很不好，这是不尊重领导的表现。而且小A在越级汇报的邮件中，措辞问题也比较严重，这样强硬的态度怎么能收到好的回应呢？

事实证明，在提要求的过程中态度很重要，没有人愿意接受那些态度不好或是无礼的要求；与此相反，那些态度诚恳的要求更容易被接受。因此，在提要求时一定要注意自己的态度，比如不要下最后通牒，不要在情绪上迷惑对方，不要用叹气、翻白眼、板着脸等动作迫使对方答应你的要求。

场景练习 ▶

　　良好的态度总是很容易得到回应，那么在提要求时良好的态度究竟能带给我们什么呢？试着按照下面给出的思路，写出自己的想法，然后在场景中去验证。

　　　良好的态度能够
　　　给别人留下一个好印象
　　　表现出自己的教养
　　　体现出对他人的尊重

_____

_____

_____

_____

提要求时要给对方留下好的第一印象

　　人与人初次见面，留给对方的第一印象很重要。在社会心理学中，有一则效应被称为"首因效应"，它说的是在与他人交往时，人们总是比较重视最初接触到的信息，并很容易以此为凭据，对他人做出评价和判断，这就是我们常说的"第一印象效应"。留给对方的第一印象好，往往能为以后的进一步交往与合作打下良好的基础；而如果第一印象很糟糕，往往会对之后的交往、合作产生不好的影响。

生活小剧场

　　小A在一家律师事务所上班，她最近有点倒霉：先是和男朋友分手了，接着租期快到的房子不能续租了。身心俱疲的状态使得小A没了往日的生气，在工作上也力不从心。

　　小A准备接见一位客户，这位客户正在为了一件劳动雇佣的案子发愁。当客户见到小A时，小A亲切地迎了上去："您是李先生吗？我们去会议室谈吧。"

"你是要带我去见专业律师吗？"李先生看着眼前这个面色憔悴的小姑娘说。

"专业律师就在您面前啊。"小A礼貌地回应。

"小姑娘，我来这里是谈重要的事情的，我需要的是更有经验的律师。"显然李先生对小A的第一印象一般，把她当成了律师事务所的文员。

"你说你是律师？可你的着装……"

"最近太忙了，所以穿得有点随意。"小A牵强地解释。

其实小A早晨穿外衣的时候随手拿了一件，后来发现不是正装也没在意，就上班了。也正是因为如此，小A给客户留下了不专业的印象。为了挽回局面，小A用坚定和自信的态度说："李先生，我当律师已经6年了，而您咨询的是雇佣方面的问题，我想在我们公司，在这方面没有人比我更有经验了。当然，我们公司确实也有资历比我深的律师，可是他们在这方面的确没有我有经验。"

听了这番说辞，李先生才改变了对面前这个小姑娘的看法，爽快地把事情委托给了她。自此小A也明白了第一印象的重要性。

小A因为不专业的外在形象差点丢失了一位客户，她通过坚定、自信地陈述自己有能力帮助客户解决问题时，才挽回了局面。当人们听到一项陈述的时候，他们接收到的信息不仅是陈述的内容，还有陈述者在陈述过程中表现的自信程度。这也适用于提要求，好的第一印象是给人一种自信、可靠、亲切的感觉，这种感觉像催化剂一样，能迅速营造融洽的谈话氛围，使事情朝着好的方向发展。

　　所以，如果与对方是初次见面，一定要注意自己的外在形象和言行举止，这些都直接影响到你的要求会不会被对方接受。

场景练习

　　亲和力比职业装和精致的妆容更重要，而在提要求时表现出一定的亲和力，会给人留下好的印象。假设现在你要与客户洽谈合同的一些细节，你会通过什么方式来表现出亲和力呢？仿照下面给出的思路写出自己的看法。

　　面带微笑，表现出亲切的样子；

　　与对方眼神接触，让对方感觉到你是诚心希望与其合作的；

　　说话的方式令人舒适，不咄咄逼人。

_____

_____

_____

_____

尽量用请求而不是命令

"快把我的鞋拿过来。"

"赶紧把地扫干净。"

"小张，把空调开开。"

"这是领导说的，让我找你这么做。"

……

这些句子是人们在日常生活中经常遇到的。这几句话是命令还是请求？你听着舒服吗？其实那些强迫、要求和命令性的语气容易让人产生抵触情绪，而只有在相互尊重的基础上提出请求，才更容易让人接受。

生活小剧场

小A最近在工作上遇到了烦心事，想和男朋友聊聊，男朋友正在打游戏。

场景一：

小A问男朋友："你能陪我聊聊吗？"

"怎么了，亲爱的？"

男朋友从小A的语气里察觉出她有心事，于是放下手里的游戏和小A聊起天来。

场景二：

小A对男朋友说："你得陪我聊聊。"

"有什么事吗？打完这局游戏再说。"

对于小A命令式的说话方式，男朋友有点反感。

场景三

小A对男朋友说："我希望你能陪我聊聊。"

"怎么了亲爱的，能允许我打完这局游戏吗？"

"整天就知道打游戏，一点也不关心我。"

"怎么了这是？"

被小A这么说，男朋友也感到很烦恼。

场景四：

小A对男朋友说："我希望你能陪我聊聊。"

"怎么了亲爱的，能允许我打完这局游戏吗？"

小A默不作声，男朋友察觉到小A真的有心事，于是说："怎么了亲爱的，来说说看。"

"如果你真的爱我，就放下手里的游戏，陪我聊聊天。"

"到底怎么了？"男朋友觉得小A有点无理取闹。

在上面四个场景中，只有第一个场景是请求，而其余的场景中小A都是在命令男朋友陪自己聊天，得到的结果是，请求式的话语使得男朋友主动放下了手里的游戏，而命令式的说话方式均引起了男朋友的反感。

那么如何区分请求与命令呢？一是从说话语气上分，请求多是问句，且语气委婉，如场景一；而命令多是陈述句，如场景二。另外也可以这样划分：如果要求没被满足时，提出要求的人批评和指责，这就是命令，如场景三；如果想用对方的愧疚使对方答应自己的请求，也是命令，如场景四。

每个人都有自己的独立意识，没有人喜欢被命令，一个人听到命令时只有两种选择：服从或是反抗。在提要求时，命令式的语言在对方看来无疑是一种强迫，没有人愿意被强迫，所以对方多半不会满足我们的要求，反抗也是必然的。

因此在生活中，如果我们不想强迫别人，就应该尽量用请求，而不是命令的口吻与对方交流。例如，我们可以说："帮我打开窗户好吗？"而不要说："把窗户打开。"

场景练习 ▶

小A是某店铺的收银员，店铺实行倒班制，小A来接同事的班，可是小A刚来，对交接程序还不是很明白，他想要同事帮帮忙，但是不知道该怎么开口。

如果你是小A，你会怎么办？请试着用请求式的语言帮一下他。

_____

_____

_____

_____

提要求时要遵循具体原则

　　在提要求时我们首先要清楚地告诉对方希望他们做什么。否则，很容易让对方感到困惑，而且模棱两可的说话方式很容易引起对方的反感。

　　小A觉得丈夫陪自己的时间太少了。有一次小A埋怨丈夫："你能不能少花一些时间在工作上？"小A的言外之意是要丈夫多陪陪自己，而丈夫却会错了意，以为小A是在劝他工作不要太累，要适当休息，于是就买了一套游戏设备，美其名曰放松自己，小A气得脸都绿了。

　　看着气鼓鼓的小A，丈夫有点摸不着头脑，问小A："你不是让我少花点时间在工作上吗？"

　　"可我的意思是想让你多陪陪我啊。"小A委屈地说。

　　"你怎么不说清楚呢？"丈夫也是一脸无辜。

很多人之所以在提要求时感到沮丧和灰心，很大程度上是因为他们根本不清楚自己对他人究竟有什么样的期待，进而提出的要求含糊不清，使对方产生误解。因此，我们在提要求时要尽量避免使用抽象的语言，而要使用具体的描述。

比如，与其说"少花一些时间在工作上"，不如说"我希望你能多花时间陪陪我"；与其说"我希望你给我自由"，不如说"我希望在某些事情上可以自己做决定"；与其说"我希望你能有一点责任感"，不如说"我希望你不要固执己见，能多听听我的意见"；等等。

要求的模糊和具体还表现在对语句的修饰上，比如我们经常使用一些委婉模糊、减轻程度的修饰语："有点""原则上说""大致上""可能"等。

举一个简单的例子，你向不怎么熟悉的人提一个请求，你是这样说的："我有点希望你能……"或许你觉着这种听起来令人舒服的话能得到你想要的东西，而且对方听起来也会觉得你很礼貌，可事实上这种委婉的言辞会模糊你说话的重点，让你的要求显得不那么迫切。而具体的修饰应该是这样的："我需要""我想……""帮我"等。这种修饰的好处是可以清楚地让对方知道你需要什么，不至于让对方产生误解。

场景练习 ▶

小A是一名临床心理医生，一位情绪低落的患者向小A求助，这位患者总觉得没有人关心他，而他想要得到他人的关心。下面是小A和患者的部分对话，请试着用所学知识引导患者学会提具体的要求。

　　小A：你想要被人关心？

　　患者：是的。

　　小A：你提过类似的请求吗？比如和爱人。

　　患者：提过，我要她多关心我一点，可是事实上没有什么效果。

　　小A：你试过提一些具体的请求吗？

　　患者：怎么讲？

　　小A：简单来说，就是希望对方具体做什么，比如：

_____

_____

_____

_____

晓之以理：给出理由让他人更信服

　　很多人在提要求时提的都是不完善的要求，即不解释为什么提要求，而事实上说明要求背后的原因是很重要的，因为如此一来，对方若要拒绝你，就需要反驳你。而有时候，只要你的理由足够充分，别人根本懒得反驳，便会直接答应你的要求。

生活小剧场

　　1978年，哈佛心理学家Ellen Langer和同事做了一项有意思的研究，他们想要弄明白，在什么情况下，人们更愿意接受请求。为此他们观察了办公室的人们排队使用复印机的情况。在实验过程中他们发现——如果有人这样问："我能插个队吗？"一般得到的回答都是"不可以"；而如果在提要求的同时加上某些原因，则往往会被接受，比如这样问："我能插个队吗？我有几份文件需要急用。"最后他们得出的结论是：只要有理由，就足以使他人同意你的请求。

　　在现实生活中也是这样，人们更倾向于接受那些带有理由的要求，并且好的理由通常会提高要求被答应的概率。因此，在提要求时不光要清楚地表达出想要什么，更要给出为什么需要它，通常最简单的表达方式是"问句+陈述句"的形式，比如这样问："我能用用你的U盘吗？我需要拷贝一份文件，可是我的U盘落在家里了。"

这里面的诀窍有两个：一个是诚恳且言简意赅地说明你要什么，另一个是给出的理由要尽可能让人信服。这样对方才会觉得你真的是在考虑周全后才提出要求的，而如果你给出的理由不清不楚，那么很容易让人觉得你的要求不合理，或是根本不重要。

场景练习 ▶

小A在排队买早餐，可是上班时间快到了，前面还有不少人，不吃吧已经排了一会儿了，但要是按照顺序，自己肯定会迟到。小A想和队伍前边的一位阿姨商量一下，看能不能自己先买，那么该怎么开口呢？

请试着用"问句+陈述句"的形式帮助小A表达请求，然后在实际生活场景中去运用它。

如果我是小A，我会这样说：

_____

_____

_____

_____

场景练习答案

尊重人的态度是提要求的前提

不会轻易被拒绝。互惠法则表明：当一个人收到礼貌时，常常会觉得自己也应该礼貌地回应对方。所以尊重的态度不会轻易被拒绝。比如，当你以礼貌的态度请求陌生人帮忙时，出于礼貌，只要是不过分的要求，对方都会乐意帮忙。

提要求时要给对方留下好的第一印象

有意识地运用身体语言，比如手势语言、头部动作等表现亲和力；言辞严谨，注意自己的专业素养和涵养；对对方的话语做出及时的回应。

尽量用请求而不是命令

如果我是小A，我会这样说："如果您不忙的话，可以占用您一点时间吗？我刚来，对交接流程还不是很明白。"

提要求时要遵循具体原则

希望对方下班能早点回家，周末多抽出一些时间陪自己，或者帮自己分担一些家务劳动。

晓之以理：给出理由让他人更信服

"您好，阿姨，您可以让我先买吗？因为我马上要迟到了，我们公司对迟到处罚很严重，拜托您啦。"

第五章

沉着应变：避免提要求后陷入僵局

　　有时候很奇怪，在我们看来是简单的要求，而在别人看来可能是过分的。那么问题就出现了：由于思维方式的差异性和所处环境的不同，在提出要求后，很可能会陷入僵局，比如把气氛弄得很尴尬。这就要求我们灵活调整自己提出请求的策略。

发现对方不友好？不妨表现得友善一点

冷冰冰的话语或者过于理性刻板的交流会使人产生错觉，就好像到了公务机构一样，让人感到拘束或是不自在。而如果热情一点，友善一些，就会给人温暖和放松的感觉。在提要求时，为了避免产生沟通障碍，一定要营造一个友善的氛围，尤其是在发现对方表现得不怎么友好的时候。

生活小剧场

由于机械故障，某航班取消了，滞留在航站楼里的乘客大都十分沮丧，他们不断打着电话，或是变得焦急暴躁，工作人员硬着头皮维护着现场秩序。小A走到窗口办理改签，正好看到工作人员绷着脸，于是走上前去和善地说道："说实话，我并不经常出差，赶上这种情况也很无奈，您可以帮帮我吗？我明天有一个很重要的会议，不知道怎样才能赶上。"

听小A这么说，工作人员的表情立马变得柔和起来，回复道：

"您看起来不需要托运行李，这样的话您可以到E3登机口等待，我这里为您安排改签，不过还有20分钟这班航班就要起航了，所以您要抓紧时间。"

"谢谢您，从这里到E3登机口需要多长时间？"小A问。

"5分钟就可以，应该不会有问题的。"工作人员温和地回答。

"那您帮我改签一下，麻烦您了。"小A提出请求。

"好了，祝您会议顺利，您朝着这个方向走就可以了。"工作人员为小A办理了改签手续，并为小A指出了E3登机口的位置。

其实小A不知道的是，这位工作人员为小A选了一个极舒适的位置，仅仅是因为他的和善和礼貌。

在观察到工作人员并不怎么友好的时候，小A主动打开了话匣子，用热情、和善的态度去和工作人员沟通，提出改签的要求，而小A不仅得到了工作人员的礼貌回应，还得到了一个极舒适的位置。

很多时候我们提出要求是为了得到帮助，但是我们并没有带着需要帮助的态度去提要求，反而给人一种颐指气使的感觉，殊不知这种糟糕的态度最容易使谈话陷入僵局。所以在提出要求时一定要表现得彬彬有礼，即使对方不友好，也应该用一种友善的态度去和对方沟通。事实证明，那些友善的人提出要求时往往能得到更多的支持。

场景练习

　　小A忘了敲门就直接推开了办公室的门，不巧的是正看到主管在电话里与人争吵，还飙出了脏话，场面有些尴尬。主管挂了电话，明显对小A的突然打扰表示不欢迎，但是小A又不得不硬着头皮要主管签一个单子。

　　请帮小A想一个既能表示出自己的歉意，又能让主管把字签了的办法。

_____

_____

_____

_____

间接提要求，不引起别人的反感

　　"尽快替我把这事办一下！"

　　"你能否尽快替我把这事办一下？"

　　试着比较这两句话，你更喜欢哪种表达方式呢？通过比较，我们不难看出，以商量的口气间接提出要求，会显得比较礼貌、婉转，因而更容易得到对方的帮助或认可。

生活小剧场

　　洛克所在的地产集团承包了几座写字楼，工期如约而至，可是一家装饰供应商老板突然打来电话说装饰材料不能如期交货。如果写字楼不能如期完工，就要交付巨额的罚款，公司立马派洛克去洽谈，争取要对方提供装饰材料。

　　洛克走进这位经理的办公室，并没有指责对方为什么不按时交货，也没有大谈这样会给自己带来多少损失，而是用了一句这样的开场白："您该知道您的姓名在这座城市中是绝无仅有的！"

　　对于这样的话语，这位经理感到非常惊讶和意外，他摇摇头说："是吗？我都不知道。"洛克说："这是我在来之前，查电话簿找您的地址时发现的。""原来是这样，说真的……"就这样这位经理和洛克谈论起他的名字的由来。

在谈完这件事后，洛克故意把话题转移到了这位经理的公司上，说："这是我所见过的同行业中最整洁、最完善的一家。"于是他们又聊起生意上的事来，最后洛克还参观了这位经理的工厂，和对方共进了晚餐。在吃饭时，洛克表明了自己的来意："事情是这样的，我们现在急需和您预定的那批材料，您看能想办法凑出来吗？"经理思考了一下说："我其实知道你来这里的目的，可是没有想到，我们见面后会谈得这么愉快，这样吧，今天你先回去，我保证明天把装饰材料准时运送到你们手里。"

就这样，洛克成功争取到了这批宝贵的装饰材料，为公司解除了危机。

洛克在见到经理后没有直接要求对方提供预定材料，而是通过一系列巧妙的谈话，避开了自己的来意，间接地实现了自己的目的，为公司解除了危机。而如果当时洛克采用激烈争辩的方法，结果将很难想象。

任何人都有获得别人尊重的欲望，所以在向别人提出要求时，我们应该维护对方的面子，照顾对方的意愿，巧妙间接地提出自己的要求。下面几个小技巧能帮助你掌握一些间接提要求的方法。

1. 试试商量的语气

采用问句的形式以商量的语气把有关要求提出来，会显得比较婉转一些。

原句：赶快把这件事处理一下！例句：你能否先把这件事处理一下呢？

2. 借用缓冲词语

使用一些缓冲词语来减轻话语带来的压力，避免唐突。

原句：把充电宝带给他！例句：不知道你可不可以把充电宝带给他？

3. 使用激将法

通过流露出不太相信能成功的想法把要求表达出来。

原句：麻烦你走一趟！例句：我知道你可能不愿意去，不过我还是希望你能走一趟。

4. 自责式要求

先讲明自己知道不该提出某个要求，然后说明为实情所迫不得不讲出来，令人感到实属无奈。

原句：不好意思打扰您一下。例句：真不该在这个时候打搅您，但实在没有办法，只好麻烦您一下。

5. 体谅式要求

先说明自己了解并体谅对方的心情，再把自己的要求或想法表达出来。

原句：借我点钱吧。例句：我知道你手头也不宽裕，不过实在没办法，只能向你借。

场景练习

　　客户发来了一份审核文件，需要小A立马答复，文件中有一些拿不准的地方，小A想要打电话给领导，但是已经是晚上十一点了，小A犹犹豫豫，不知道该怎么办。

　　如果你是小A，你会怎么办？整理一下思路，然后运用文中给出的方法向领导寻求帮助。

_____

_____

_____

_____

ASK三步法：控制局面的交流方式

提要求毕竟是一件要别人怎么样的事儿，我要求你怎么样，实则是一种驱使。有时候为了达成目标，我们会用委婉的言辞让这种意图看起来不那么明显，而大多时候，这种驱使行为会影响对方的舒适敏感区，甚至会引起对方做出一些本能的情绪反应，而我们自身也会变得非常情绪化。如果遇到这种情况，我们该怎么控制呢？

生活小剧场

经过两个多月的加班加点，小A实在熬不住了，这已经是小A第三次请假了，前两次请假，领导都以各种理由搪塞：第一次的理由是老总出差了，没办法批准；第二次说是月末，要赶报表。

这是小A第三次请假——短短的三天年假，这次小A做了充足的准备，第一，老板没出差，第二，手头上的事都弄利索了。可是，当小A提出休年假的要求后，还是被领导拒绝了："小张也是这几天休年假，所以……"

再一次被拒绝，小A的情绪有点激动，呼吸有点急促，有一种情绪要爆发的感觉。他赶紧转移了视线，深吸了一口气，稍稍平复了一下情绪后，斩钉截铁地说："这是我第三次请假了，我确实需要一个假期来好好休息一下……"

"最近辛苦你了，一直跟着项目加班加点，这样好了，等小张休完了，让他接替你的工作，你去休假。"领导思考了一下，拍了拍小A的肩膀，给予了答复。

在可能陷入僵局的情况下，小A保持住了理智，控制住了局面，最后用自己的坚持和态度争取到了假期，而如果小A当时任由情绪爆发，那么不仅会请不到假，还会得罪领导。

提要求时难免会触碰到对方的敏感神经，遇到一些紧张的局面，这时不论是对方的情绪和反应还是我们的情绪和反应，都会影响到我们做出清晰客观的思考。如果不想让情绪操控自己，不妨试试ASK三步法，它会帮助我们控制局面。

第一步：A（Aware），即了解当前的状况。在提要求后，不要傻傻地站着什么也不做，而是应该分析一下当前的情况，问自己一些问题，比如对方的表情和动作代表什么意思，自己的反应又是什么样子的。

第二步：S（Seek clarity），即搞清楚对方在说什么。请认真听对方的话，弄清楚对方的回答究竟是什么意思，如果是模棱两可的回答或是没有听清楚，可以再问一遍。

第三步：K（Know your next best request），即想好接下来怎么做。这是最重要的一步。如果你感觉到了自己紧张，为避免接下来的对话陷入僵局，你可以试着通过数呼气吸气的次数来帮助自己放慢呼吸频率；如果感觉自己被拒绝得很委屈，眼眶里有泪水打转，那么就要试着转移一下注意力，比如看看天花板或是周围的墙壁、桌子。

场景练习

小A和客户谈一个项目，可是当小A提出签约时，却被对方拒绝了，其实在此之前已经商定好了签约事宜，可是对方突然削减了预算，这让小A感到很恼火。

如果你是小A，请试着用ASK三步法帮助自己冷静下来。

第一步：了解当前的情况。

（是什么事让自己感到恼火？）

第二步：搞清楚对方在说什么。

（对方说削减预算是什么意思？是什么原因让对方做出这个决定的？）

第三步：想好接下来怎么做。

（根据自己掌握的信息，现在最应该做什么？现在提出怎样的请求最合适？）

_____

_____

_____

_____

适当沉默：给对方思考的时间

不知道你有没有听过这样一句话："当一个请求被抛出后，谁先开口谁就输了。"怎么理解呢？那些急于开口的人总是急于得到对方的回复，因为他们往往有更大的需求，所以才会着急，沉不住气，甚至把要求抛出去后还不断提醒对方，喋喋不休，其实这样不仅会暴露自己的劣势地位，还会引起别人的反感。而如果在沟通中适当沉默，不仅可以给对方留出思考的时间，还能取得意想不到的效果。

生活小剧场

在自动发报机研制成功之后，爱迪生准备卖掉这项发明用来建造一个新的实验室，但是爱迪生不熟悉市场行情，于是他便与夫人米娜商量，决定以至少2万美元的价格卖掉这项技术。

要知道在当时的美国，爱迪生已经是一位小有名气的发明家了，一位商人找到爱迪生，表示想要买这项技术。他们在商谈价格时，由于爱迪生觉得2万美元的价格太高了，所以一直不好意思开口，最后商人忍不住了，说："那我先开个价吧，如果你认为不合适，咱们再商量，10万美元怎么样？"10万美元！这个价格简直出乎爱迪生的意料，他当场便不假思索地和商人拍板成交。后来，爱迪生对他的妻子米娜开玩笑说："没想到晚说了一会儿就赚了8万美元。"

美国心理学家古德曼曾经提出"没有沉默就没有沟通"的说法，这一论点看似违反常理，但从心理学的角度来讲它解释了沉默在沟通中的重要意义。而沉默这门艺术，在提要求时同样适用，比如案例中的爱迪生在提价钱之前的沉默，这种在开口之前沉默的方式往往会给人造成一定的心理压力，从而驱使对方做出一些有利于我们的决定。一个很典型的例子就是，当孩子犯了错，我们向孩子提要求时（如不能撒谎），适当的沉默能激发孩子主动认错的意识。

在提出要求后适当的沉默也很有必要，为什么呢？对于每一个要提的要求，不论大小，我们都要花时间思考和决定。如果是那些重大的决定，往往要考虑很长时间，比如决定是否要向喜欢的人表白。即使是那些小的请求，我们也会在内心斟酌一下利弊得失，然后采取行动。而对于被要求的对方来说，同样也需要时间去消化我们提出的请求，而且对于他们来说，无论是简单的请求还是复杂的请求，都是一个全新的概念，需要更多的时间去消化和斟酌。

所以，在提出要求后，不要急着催促对方答复，而是应该适当沉默，给对方一些思考的时间，这样做的好处有很多：首先，不会打断对方的思路；其次，给对方留出思考的时间；最后，能够表现出对对方的尊重。

场景练习

在沉默中等待是一项极大的考验，试试下面几个小技巧，然后在生活场景中去练习，它们能帮助你控制情绪，让你学会在必要的时候保持沉默。

（1）从一数到十，或者更长时间。

（2）如果是在打电话，轻轻咬住自己的舌头。

（3）告诉自己，很快就能得到答复。

（4）告诉自己，心急吃不了热豆腐。

（5）告诉自己，在别人思考的时候不去打扰是一种尊重。

场景练习答案

发现对方不友好？不妨表现得友善一点

我会这样说："不好意思打扰您了，我能帮到您什么吗？如果可以的话，我希望做些力所能及的事。不过，我这里有一张单子劳烦您签下字，说实话这单子还多亏您帮忙。"

间接提要求，不激起别人的反感

如果我是小A，我会跟领导这么说："真的不该这么晚还打扰您，可是客户那边发来了一份审核文件，今晚就得答复。我对文件里的几个问题拿不准，还得请您定夺一下。"

ASK三步法：控制局面的交流方式

第一步：本来谈好的签约事宜，对方却突然变卦，实在很恼火，不过这时发火并不能解决问题。

第二步：对方消减预算可能是出于压价的心理策略，或许有其他竞争对手也在和对方沟通。当然，也可能是因为对方的预算支出缩减了。

　　第三步：冷静下来，让自己回归理性，忘记之前商谈签约的事宜，重新开启对话。

　　"按照您的预算，我们这里还有几个备选方案，鉴于之前的合作，您可以再看看吗？我想您会喜欢的。"

第六章

·········

避开陷阱：别折在不恰当的要求上

提要求不是自私自利的索取，也不是索取无度的得寸进尺，一个合理的要求谁都愿意考虑，而一个不当的要求，没有人愿意在上面多花时间，所以在提要求时，一定要避开误区，尽可能让自己的要求合理些。

弄清好要求的标准是什么

同样是申请项目款，为什么别人被接受，偏偏你被拒绝了？同样是跟客服要优惠，为什么别人能要到，你却被告知没有优惠？同样是寻求帮助，为什么别人很容易得到，而你却被发了拒绝卡？

其实很多时候是因为我们在不当的要求上栽了跟头。如果想避免这种情况，在提要求之前有必要思考这样一个问题：好要求的标准是什么？

生活小剧场

露娜是红十字中心的一位负责人，她负责的工作是召集募捐，然后把募捐来的钱换成礼品。一次，露娜在一家礼品店里看到了一些涂色书，她想以较低的价格把这些涂色书买回去，于是对店主说："我看到您这里有很多涂色书，这些东西也占据了您不少位置，我能以每本6美分的价格买走吗？我很需要这些涂色书。"

"当然，不过这些书可不少，您开车了吗？"老板很爽快地答应了露娜的请求。

"在门口，如果您能搭把手，真是太感激不过了。"露娜提出了第二个请求。

"没问题。"老板欣然答应了。

一个好的要求是很自然、很真诚的，而且好的要求不会给人压迫感。当露娜很真诚地提出给予优惠的请求时，礼品店老板很爽快地答应了，可见如果你在提出请求时让人感觉到真诚，很多时候，大家是愿意给予帮助的。好要求的标准有很多，真诚只是其中一个，在提出要求前用好要求的标准衡量一下，这样能在某种程度上减少不当要求带来的损失。下面是好要求的几个标准。

1. 要求明确

不论是直接表达还是间接表达，提的要求必须是明确的，切忌让对方猜测想法，如果因为这样，你想要的和你得到的不一样，你会很受打击。

2. 语言简练

尽量简明扼要地提出要求，如果是合理的，一般来说对方都会考虑的。千万不要废话连篇，那样只会让人产生厌烦情绪。

3. 真诚真实

如果因为隐瞒了真实情况，而使对方做出了不合理的决定，从而造成了损失，那实在是得不偿失。所以，在提要求时一定要真诚。

4. 注意场合

在提要求时一定要注意场合，不要让对方落入尴尬的处境。

5. 言辞不卑不亢

在言辞、态度上要谦恭有礼，不卑不亢的言辞会得到对方的尊重和肯定，即使是求人办事也要有自己的态度。

场景练习 ━━━━━━━━━━━━━━━━━━━━━━━━━━━◉

提出的要求的好坏没有固定的标准，在你以往提出要求之前一定想过类似这样的问题："怎样的要求是对方愿意接受的？""怎么说才不会引起对方的反感？""怎么才能把自己想要说的说清楚？"。其实，在思考的过程中，无形中形成了好要求的标准，回顾一下你以往提要求的经历，把自己的经验写在下面的横线上。

我觉得好要求的标准是：

_____

_____

_____

_____

掌握好提要求的时机

如何选择提要求的时机，这是个问题，如果是一有想法就马上提出，可能会因为准备不充分而被拒绝；如果选择一直等待，又可能会错失良机。所以不管怎样，都应该掌握好提要求的时机。

生活小剧场

小A是一名投资理财顾问，周一早上，小A打电话给一位客户，可是对方的语气听起来并不友善，而且话语中还透露着一些焦虑。客户很快挂了电话，表示最近没有时间投资理财。

小A很困惑，他不知道对方刚才为什么用这样的态度回应自己，也许是遇到了烦心事，也许是正为手头上的事情焦头烂额，又或者因为其他事情，总之那是一个很不合适的时间点。

不过小A没有放弃，而是事后给客户发了一封邮件，邮件的内容是这样的：很抱歉在工作的时候打扰到了您，我会在下个月再联系您，不过在此之前，如果您有投资理财方面的疑问，可以随时咨询我。小A没想到的是，对方很快给了回复，表达了一番歉意，并约定好了时间见面洽谈。

小A之所以在第一次和客户沟通时碰了壁，就是因为没掌握好时机。通常来说，忙碌或是压力大的人被打扰时很容易发怒，如果恰巧这时候向他们提要求，就等同于给他们找烦恼。而且更糟糕的是，我们并不知道对方是因为我们提的要求生气还是因为其他事情生气，这就给之后的请求策略带来了麻烦，所以在提要求时要尽可能选择好时机。以下问题能帮助你在提要求之前进行一些理性的思考，从而把握提出要求的最佳时机。

（1）我所等待的最佳时机会不会出现？（对方会不会一直没空？如果下次再提，对方会不会也刚好没空？）

（2）如果现在不问，那么我该在哪个时间点提出要求？

（3）如果我是对方，我会觉得哪些时间点不被打扰？

（4）我能不能通过一些方法来让现在变成最佳时机呢？

场景练习 ▶

小A很不想打扰主管，因为几乎每次小A去敲门时，主管都会不耐烦地说："你可以再等一会儿吗？我现在有点要紧事要处理。"但是这次小A还是得找主管讨论，而且他要提出的请求需要主管投入100%的注意力。

　　如果你是小A，面对这种情况你会怎么做？请把你的想法写在
下面的横线上。

_____

_____

_____

_____

合理的请求更容易被人接受

有一个很有意思的问题：人们最不会提出的请求是什么？我想没有人愿意提出要插队的请求，但是从社会心理学角度来讲，由于自身的同理心，人们并不愿意给他人造成不便，当插队这个请求变得合理时，大多数人是不会拒绝的，比如在提出插队请求的时候附加上原因。也就是说，如果我们的请求是合理的，就更容易被人接受。

【生活小剧场】

小A是一家装饰公司的财务人员，但小A并不喜欢每天和数字打交道，而是喜欢自由一点、能和客户打交道的工作，于是小A去和经理商量调换部门的事。

"经理，我有个小小的要求，不知您能否答应？"小A对经理说。

"哦？什么要求？说说看。"经理微笑着回复。

"我……我想换个工作环境，想到外面跑跑，可以吗？"

"可你对业务不熟啊？"经理面有难色。

"不熟悉我可以慢慢熟悉，如果您能给我这个机会，我一定好好努力，尽快做出成绩。"

"你具体想去哪个部门呢？"听小A这么说，经理面色缓和了许多。

"我想去外贸部，您看……"小A提出了自己的想法。

"可是你原来是做财务工作的啊，现在去跑业务……"经理皱了一下眉，有点犹豫。

"经理，是这样的，我有些朋友是做建材的，我通过他们的关系，可以为公司出一份力。"

"行，那你试试吧。"

就这样，小A成功调到了外贸部，而且业绩相当不错。

小A提出要求的过程可谓一波三折，从文中看出，小A提出的要求是很让人为难的。我们来分析下小A是怎么成功说服经理的：首先，小A用诚恳的态度为自己赢得了调换部门的机会；然后，小A让自己的要求变得合理——借用自己的资源给公司带来利益。面对一个合理且诚恳的请求，经理有什么理由不答应呢？

请求越合理，越容易被人接受；相反，请求越荒诞越会增加被拒绝的风险，所以在提请求时，要尽可能让自己的请求变得合理些。

场景练习

　　小A最近想辞职，可是贸然地提辞职，难免会让老板觉得突兀，怎样提辞职才能做到好聚好散呢？小A陷入了苦恼。

　　以下是小A想出来的辞职理由，试着帮小A想几条合理性的建议，然后从中选取几条，帮小A向老板提辞职。

　　理由1：自己的专业水平不够，而又有一颗希望能够掌握高端技术的心，所以不得已选择学习技术。

　　理由2：感觉当前的这份工作，不能锻炼个人能力，想换一个行业，给自己一个更好的职业规划。

　　建议1：

_____

_____

_____

　　建议2：

_____

_____

_____

提要求不是替他人拿主意

提要求不是宣誓主权，不能替他人拿主意、做决定。如果逾越界限，把提要求变成是自己做决定，那么很容易引起别人的反感，尤其是在向地位比自己高的人如领导提要求时，一定要注意这一点。

生活小剧场

小A聪明能干，刚进公司两年，职位就噌噌地往上升，成了部门里的主力干将。最近有一个新项目，新来的项目总监把小A叫了过去，对小A交代说："你经验丰富，能力又强，这个新项目你还是要多盯一盯。这样，你先带上几个人和客户沟通一下。"

受到新总监的重用，小A当然欢欣鼓舞，于是准备带着一行人去客户所在的城市洽谈。小A一琢磨："坐火车不大方便，长途汽车的话时间长，人也受累，还不如直接包一辆车划算。"于是小A打定主意并向总监汇报："总监，您看，我们待会儿要出去，"小A把几种乘车方案分析了一番，接着说："所以，我决定包一辆车去！"汇报完毕，小A发现总监的脸不知道什么时候黑了下来。总监生硬地说："是吗？可是我认为这个方案不太好，你们还是买票坐长途汽车去吧！"小A愣住了，他万万没想到，一个如此合情合理的建议竟然被打了"回票"。

小A丈二和尚摸不着头脑，一位职场老手帮小A分析了其中的原因："你向领导汇报是没有错的，错就错在措辞上，你说的是'我决定包一辆车去'，你都决定了，还有领导啥事？你是去提请求的，不是去替人拿主意的。"

听了同事的分析，小A恍然大悟。

领导毕竟是领导，总希望什么事情都由自己决定。而作为下属，向领导提要求的时候，就应该用商量的口气，而不是替他拿主意。案例中的小A就是吃了不会提要求的亏。而如果小A这样说："总监，我这里有三个方案……我个人认为包车比较合适，但我做不了主，经验也没您丰富，您能帮我做个决定吗？"总监听到这样的话，一定会做个顺水人情，答应小A的要求。

所以，无论提什么要求，无论向谁提，我们都要明白，我们只是建议者、要求者，真正的决定者是对方，不要跨过这个界限替对方拿主意。

场景练习 ▶

小A是某部门的领导，他的一个下属调到了集团内部。因为小A部门产生了职位空缺，小A便去人事部申请新增招聘，却被拒绝了。原因是在新领导的授意下，小A的部门要压缩编制，空缺的岗位不再填补。

　　小A一下子急了，他认为不再填补空缺的岗位意味着岗位空缺所产生的工作都会落到其他员工身上，而现在每个员工的工作都已经饱和，难以承受额外的工作负担。小A越想越恼火，最后决定先斩后奏，先招人再说。

　　你同意小A的做法吗？如果你是小A，你会怎么做？

_____

_____

_____

_____

索求无度必定会遭到拒绝

　　人类属于群居动物，在大多数情况下缺乏独立生活的能力，同时人也是十分脆弱的动物，在人际交往中需要他人的帮助。当需要帮助时，就要提请求。提出合理的请求，更容易被人接受；而如果索求无度，就很容易遭到拒绝。

生活小剧场

　　晚上快要休息的时候，朋友打电话来，要小A帮忙写个文案，小A拒绝说自己也有稿子要写，可是朋友却说不需要像论文那样的长篇大论，千八百字就好了。小A按捺住烦躁正要答应，朋友又说今晚必须给他，小A实在忍不住给拒绝了，以没时间为借口挂了电话。

　　又有一次，小A的前同事要他帮忙做一个PPT，小A本想说自己的工作都令自己焦头烂额了，而且自己也不擅长做PPT，可是朋友却认定做设计的PPT一定也做得好。小A无奈，加上两人之前关系不错，就没好意思拒绝。小A花了好大功夫才把PPT做了出来，可是前同事看完后却说："动画效果不太好，内容也有点空，可以重新做吗？"小A简直要气炸了，果断拒绝了前同事的请求。

在提要求时，我们往往只看到自己的需求，对对方要求太多，丝毫没有意识到会给别人带来麻烦。我们总是觉得，自己明明要求的是完成一件小事，可还是被拒绝，于是感觉很受伤。可事实上，我们自认为的小事对于别人来说可能是一种为难，所以在提要求时一定要掂量一下自己的要求是否合理，切忌索求无度。那么该怎么拿捏提要求的度呢？以下四点建议仅供参考。

1. 尽量互利共赢

人与人之间的交往在很大程度上是为了满足自己的利益。即使彼此是很好的关系，在寻求他人的帮助时，也务必要从理性出发，尽量做到互利共赢，而不要一味地索求，自私自利。

2. 学会点到为止

我们可以提出要求，但是不要将此当作伤害别人的借口。要学会点到为止，避免让对方做些不情愿的事。

3. 试试换位思考

在提要求前，站在对方的角度想一想。如果自己是对方，会不会接受自己的要求？如果不会，该怎样调整自己的请求策略？

4. 尽可能地只提一个要求

尽可能地只提一个要求，如果有多个要求，尽可能地把最重要的一个要求提出来，省掉那些次要的，因为过多的要求只会给对方带来烦恼。

　　小A因身体不舒服在床上休息，忽然一个朋友要他帮忙注册公众号。碍于面子，小A帮忙注册了，这时朋友又说不会发文和排版，要小A帮忙。小A实在是不想接受这个要求了，他该怎么拒绝呢？

　　试着帮小A想一下拒绝的方法。

场景练习答案

弄清好要求的标准是什么

我觉得好要求的标准是：既能实现自己的目的，又能考虑到对方。举个很简单的例子，当你发现下属的穿着影响公司的形象时，不要当面讲出来，这样会让他很没面子。不妨给他发个信息提醒一下。

掌握好提要求的时机

我会说："主管，十万火急！而且这事儿别人还真处理不了，我找过小王，找过小李，但是都没能成。"（用赞美的力量把现在变为提出请求的最佳时机。）

合理的请求更容易被人接受

建议1："其实我在这儿已经学习到了很多东西，而选择离开仅仅是考虑到自己的兴趣爱好和职业规划与公司的发展存在矛盾。"

建议2："其实公司很好，同事也很好，您也一直是我敬重的人。所以我选择离开完全不是出于这些原因，而是出于我自己的考虑。我想趁年轻多尝试不同的职业，多给自己一些挑战的机会。"

提要求不是替他人拿主意

如果我是小A，我会先向更高层的领导提出招人的请求，并解释需要招人的原因。毕竟公司招人要经过人事。虽然自己也是领导，但是也要遵守公司的规章制度，而不能越俎代庖。

索求无度必定会遭到拒绝

我觉得小A应该这么说："发文和排版我也不太懂，不过你可以发条朋友圈，强大的朋友圈总有人会的。"

第七章

向陌生人提要求，从不怕被拒绝开始

　　不要害怕和陌生人交谈，也不要担心你的要求会打扰到别人，只要你的要求是正常且合理的，再加上礼貌的语气，你就有很大的概率得到积极的回应。当然，你也会被拒绝，但是不要气馁，因为陌生人是很好的陪练对象。

运用尴尬的力量向陌生人提要求

当你兴高采烈地上了公交车后，最糟糕的事发生了——你的手机突然没电了。如果是在平时，你不会觉得有什么大麻烦，但是就在刚才，你突然接到了领导的一个电话，而且领导的话还没说完。这时你不得不回一个电话，但是你没有向陌生人借手机的经历，而且以你的认知来看，提出这样的要求很可能会面临尴尬和被拒绝的风险。但事实真的是这样吗？

生活小剧场

康奈尔大学的组织心理学家凡妮莎·博恩斯和同事做过一系列向陌生人提出请求的实验，其任务小到借手机打电话，大到要陌生人当场填写长达十页的调查问卷。最后他们得出结论：陌生人比你想象中更愿意伸出援助之手。

举一个简单的例子，一次他们在实验中指示研究志愿者向陌生人借用手机。不过，在开始这个任务之前，博恩斯要求志愿者们猜测自己需要问多少人才会有人答应，大多数志愿者认为自己至少问十个人才会有人答应，而在实验中，他们平均问到第六个人的时候，要求就被答应了。最后根据数据统计，被要求者当中大约有一多半的人同意借出手机，而这一数量是志愿者们没有想到的。

　　实验到此还没有结束，博恩斯和他的团队还分析了造成这一现象的原因，最后他们得出了一个很有意思的结论：当你搭车上班或者在公园跑步时，若在这个时候要求周围的人帮你一个忙，对方会比你想象中更愿意帮你。而他们之所以答应你，是为了避免自己陷入尴尬或是窘境，比如说当一个人拒绝你的要求时，他往往会冒着冒犯你的危险，这么做会违反社会规范，把双方弄得很尴尬，这样一来，对方就会纯粹为了避开拒绝所引起的不安而答应做出一些他们不愿意做的事。

　　由此看来，尴尬真是一股强大的力量，如果善于运用，在向陌生人提出请求时就能得到有效回应。

　　比如，如果你需要陌生人帮忙，只要你的态度端正，就能获得帮助，而如果第一次被拒绝了，你可以试着再一次诚恳地提出要求，一般来说，为了避免尴尬，他不会连续拒绝你两次。

场景练习

　　小A正在图书馆安静地看书，这时旁边来了一个小伙子，小伙子带着一副开放式耳麦，音乐声很大。小A想要提醒一下这个小伙子，示意他听音乐小声一点，怎么做才能有礼貌一些呢？要直接提醒对方吗？

　　请帮小A想个办法，让小伙子意识到自己影响到了他人。

_____

_____

_____

怎样委婉又不失礼貌地提醒邻居

有一首《楼道之歌》是这样唱的："你家我家和他家，同住一个屋檐下，邻里幸福靠和谐，和谐全凭你我他……"远亲不如近邻，两家能够成为邻居是一种缘分，可是邻里之间相处总会有摩擦，当邻居影响到你的生活时，你会提醒对方还是不好意思开口呢？

生活小剧场

林女士刚买了新房子，可是没住几天就遇到了烦心事，楼上邻居是个跳舞爱好者，每天在家跳舞，而且因为脚太重了，总是把地板踩得"咚咚响"。为了这事，林女士总在纠结，不知道到底该不该上楼提醒邻居，因为平时邻里关系挺好的，她怕开口影响了邻里关系。

李先生家住在翠明园小区，楼下邻居家有个学笛子的小男孩，每天晚上练笛子都练到10点多，而且吹得断断续续，听着十分闹心。李先生实在受不了了，就去提醒邻居，可是安静了没几天，练笛声又开始了。李先生只好又去和邻居交涉，结果直接吵了起来，弄得很不愉快，从此两家人见面就像是陌生人一样，很尴尬。

邻里之间相处总会遇到类似这样的事，大家都不想伤和气，所以不好意思开口，这样的结果就是自己成了受气包；而有的人虽然能说得出口，但是言辞上又不恰当，比如本来是去提醒邻居别在楼道堆垃圾，却变成了争吵，结果不但问题没有解决，还破坏了邻里关系。那么问题来了，当邻居影响到我们的生活时，该怎么委婉又不失礼貌地提醒对方呢？

1. 直接委婉地告诉邻居

直接沟通是最好的方法，委婉地提醒邻居就好，或者如果你对自己的语言表达能力感到自信，也可以旁敲侧击一下，这样是完全不会伤和气的，除非你的邻居是一个特别小气且不通情达理的人。

2. 切盘水果去邻居家坐坐

切盘水果去邻居家坐坐，借着这个机会聊聊，提醒邻居干扰到自己的生活了，只要你以礼相待，对方也不会摆臭脸。

3. 写纸条告诉他

如果不想和邻居直接沟通，那么可以写一张纸条贴在邻居家门上，比如邻居总是把垃圾扔在楼道里，把楼道弄得很味儿，如果你不知道怎么说，就给邻居留一张纸条，委婉地提醒一下。

4. 反映给社区或物业

如果邻居特别小气且不通情理，或者是你不想和邻居打交道，又或是碍于情面不好意思开口，可以让物业和社区来协调。

场景练习 ▶

小A的楼上住着一对老夫妻和他们的小孙子，小孙子是个特别调皮的小男孩，不是把东西摔了就是弄出一些叮叮当当的声音，关键是小A和小男孩的爸爸是同一个单位的，实在不好意思去说。

请帮小A想一个既不影响邻里关系又能让他们管管小孩子的办法。

_____

_____

_____

_____

打扰练习：做一个有礼貌的干扰者

在生活中你有没有类似这样的请求：在餐厅吃饭时请求获得优惠券；在租房时请求价格低一点；在住宾馆时请求更好的房间或是服务；等等。看似在日常生活中，我们总是不断向陌生人提出请求来满足自己的需求，但是真正做到的人并不多。试试问问自己，你真的有勇气提出请求吗？

生活小剧场

小A在办公用品店买了一盒打印机墨盒，可是在付款时，他发现这盒墨盒竟然要200元，这远远超出了小A的预算，于是小A向营业员提出了一个大胆的请求："请问有优惠活动吗？"

"有的，您可以用微信搜索公众号，然后在里面领取优惠券就可以了，不过要首次注册。"营业员微笑着回答。

"好的，您看是这样吗？"小A一边操作手机一边询问营业员。

就这样，小A领到了一张新人注册券，最后用150元买下了墨盒，而且还得到了一些免费的打印纸。

不要忽视这些小小的请求，请求不是为了占便宜，而是为了锻炼自己提出请求的勇气。从现在开始忘掉父母那一套"不要和陌生人讲话"的理论，从陌生人开始练习提要求，他们是最合适的陪练对象。为什么这么说呢？首先，你们并不认识，所以他们并不会对你产生偏见；其次，你可能再也不会见到他们，所以不必害怕丢掉面子。

可以选择的陌生对象有很多，比如餐厅的服务生、酒店的前台、路上的行人等。在向他们提要求时，要克服害怕打扰到别人的心理。即使他们看起来正在谈论足球赛，或是一些八卦，又或者假装在忙碌，你也要走近他们，然后礼貌地打扰他们："不好意思，我也不想打扰你，但是……"

你或许觉得这样贸然地打断他人有点粗鲁，事实上并不是这样，因为礼貌地打扰别人然后提出自己的请求并没有什么不对，尤其是对那些服务行业的人员来说，他们的本职工作就是为顾客服务。如果对方被打扰后显得很不耐烦，你就将其当作是提要求后的反馈好了，如果他们确实态度不好，那是他们的问题，起码他们在工作态度上有问题。

你能想象一下吗？有礼貌地打扰他人，然后提出自己的请求，这本身是一件很需要勇气且很有成就感的事儿，所以不要吝啬你的请求，练习向服务人员要求更好的服务、更多的优惠吧。

场景练习 ▶

小A走进一家羊汤馆，点了一份羊汤，饭店给出的套餐是买一份羊汤送一个烧饼，可是小A的烧饼吃完了，羊汤还剩很多，而且小A没有吃饱。这时小A有两个选择：一是单独买一个烧饼，不过貌似服务员有点忙，而且他还要支付2元钱；二是直接向服务人员索要优惠，请求他们再赠送一个。

如果你是小A，你会怎么办？你会大胆地向服务员索要优惠吗？如果这样做，你会以怎样的方式开口？请把你想说的话写在下面的横线上。

_____

_____

_____

_____

如何优雅地麻烦别人填写调查问卷

当在经营过程中遇到一些问题时，人们往往会从消费者身上寻找答案，最直接的方式便是问卷调查。不过，做问卷调查不是一件简单的事，问得多很容易招人反感，尤其是那些密密麻麻、恨不得让人吃完饭后做几道数学题的调查问卷，几乎不会得到回应；而如果态度不对，更是容易被拒绝，尤其是那些不在乎请求方式，唯唯诺诺或是面无表情的人，几乎很少有人愿意与之配合，那么该如何优雅地麻烦别人填写调查问卷呢？

生活小剧场

小A进入职场的第一天，领导要小A去做一份关于产品使用反馈的调研，小A准备了很多问题，却不知道怎么开口。在商场门口转了半天，小A终于鼓足勇气对一位行色匆匆的白领说："您……您好……"

"不要不要！"对方似乎很抵触，直接拒绝了小A。

自信心受挫的小A不知所措，整整一个上午，他几乎一份调查问卷都没做。

如果你没有要路人填写调查问卷的经历，那么至少你有发传单的经历，你是否因为内心的不好意思或是缺少勇气而扭扭捏捏？现在，你有必要训练一下自己在这方面的能力。以下几个小技巧能够帮助你调整自己的心态，勇敢地提出请求。

1. 调整心态

在提出请求前先卸下心理负担，很多人抹不开面子是因为太过在乎自己和应答者的关系，你要知道你们只是路人的关系，只是访问员和被访者的关系，你不是做人物专访，只是做一个问卷调查，你提出请求邀请，被采访者回答问题就可以了。如果被拒绝，没有什么丢面子的，对方并不会对你产生更多的评价和想法。

2. 选择合适的对象

要善于观察来往的行人，选择合适的对象能帮助你降低被拒绝的概率，从而增加一些自信。一般来说，那些不那么行色匆匆的，看起来像学生的人，大都会接受你的采访，情侣也是绝佳的调查对象，因为情侣双方都希望在对方面前显得和善、温柔一些。

3. 直接大方开口

很多人总觉得要别人填写调查问卷太麻烦别人，所以扭扭捏捏不好意思开口，其实这样反而会让你的可信度大打折扣，更糟糕的是你的磨叽是在浪费他人的时间。所以在要他人填写调查问卷时，直接礼貌大方地开口即可："您好，我是××公司的调查员×××，很抱歉打扰您，能借用您一点时间做一份关于×××的调查吗？只需2分钟即可（时间上自己拿捏）。"

4. 注意一些细节

自始至终都要微笑，不论对方是拒绝还是接受；如果对方答应填写问卷，不要盯着人填写，否则会给人一种被监视的感觉；准备一些小礼物，总是没错的；问卷不要太冗长，提问不要太多。

场景练习

记者在采访一些行程匆忙的明星或政要时，常常会跟着他们一同走出现场，然后用"只占用您一分钟的时间，问完我们就离开""不想耽误您的时间，只有一个问题"等话术进行提问，这一招往往很有效。

试着将这类方法运用在填写调查问卷这项工作中，观察一下被拒绝的概率，把你的结论写下来。

_____

_____

_____

_____

寻求陌生人帮忙的正确方式

在生活中，每个人都有遇到困难的时候，需要别人伸出援手。然而，对于一些性格腼腆的人来说，寻求帮助是一件"难以启齿"的事，尤其是向陌生人求助。因为他们心里在想：如果对方拒绝帮助我怎么办？

大多数人在向陌生人寻求帮助时都有这样的顾虑，其实，只要掌握了正确的说话技巧，让别人帮助自己并非一件难事。那么，我们该怎样向陌生人求助呢？

生活小剧场

有一回，小A的表妹晚上10点多才到家，小A问她发生了什么事，结果表妹一脸哀怨地说："别提了，我今天特别倒霉。我在车站等了一个多小时的公交车，好不容易等到了，上车的时候才发现公交卡里没钱了。更倒霉的是，我身上没有带现金，手机也快没电了，只好错过了那班车。"

听表妹这么一说，小A便问："你怎么没跟陌生人借一些零钱呢？"

　　她吃惊地看着我说："哎呀，这怎么行呀，谁会放心地借钱给陌生人？"顿了顿，她继续说："从车上下来后，我从地图上看到附近有一家银行，就先去取了点钱。我原本打算到商店买瓶饮料，这样就有零钱坐公交车了。结果，商店老板说柜台上的零钱不够了，没有办法找零钱，建议我用微信付款。没办法，最后我只好先打车去地铁站充公交卡，然后再重新坐车回家。就这样，耽误了时间。"

　　表妹说到这，小A觉得很意外，既然商店柜台没那么多现金，表妹完全可以通过微信和他换一些零钱。这样做大多数人都不会拒绝。可当小A把这个方法告诉表妹时，她还是摇着头说："谁会愿意帮助陌生人呢？"

　　相信，不少人都和表妹一样，对陌生人有强烈的戒备心理，所以当自己有困难时，不好意思向别人寻求帮助，这样的结果就是耽误自己的时间。当然，有的人在向陌生人寻求帮助时，言辞使用得有些不恰当，这也会造成对方拒绝伸出援手。比如，向陌生人问路时张口就说："嘿，那谁，去×××怎么走啊？"对方肯定会翻个白眼就走开。

　　可见，当你需要向人求助时，方法比面子更重要。那么，我们应该怎么做呢？

1. 寻找愿意帮助的人

　　以问路为例，什么样的人是愿意帮忙的人，什么样的人是不愿意帮忙的人？

　　生活经验告诉我们：一般来说，走路很快，似乎着急处理什么事的人，不太愿意帮忙；而走路慢的人，大多时间比较充裕，所以愿意帮忙的概率更大。

此外，性别也会影响求助的成功率。通常来说，如果你是男生，最好向同性寻求帮助。

2. 适当地赞美对方

每个人都愿意听好听的话，所以当你向陌生人寻求帮助时，可以适当地赞美对方。比如，称赞她的裙子、包包很时尚，这往往可以令对方心情愉悦，而这时你再向其求助，对方也更愿意帮助你。

3. 沟通时注意称呼

在向陌生人求助前，打招呼的方式会决定对方愿不愿意帮助你。在打招呼时，应先说"您好"，然后根据对方的性别、年龄，再对其进行称呼。比如"美女、帅哥、大爷、阿姨"。

场景练习

小A第一次去北京，他走出火车站，看到陌生的景物心里很紧张，看了好几遍地图也没看懂自己到底应该走哪条路线。这时，他注意到旁边有个老大爷正在与别人说话，听口音应该是本地人。

如果你是小A，你会如何说，从而让老大爷帮你指明路线？

_____

_____

_____

_____

场景练习答案

运用尴尬的力量向陌生人提要求

轻轻拍拍他的肩膀，然后做个指着自己耳朵的手势，示意对方把耳机声音调小一点。如果对方还不明白，再做一个请保持安静的手势。

怎样委婉又不失礼貌地提醒邻居

既然是一个单位的，自然应该以此为突破口，找一个好时机，比如吃饭的时候。如果你有孩子，可以从自己的孩子谈起，对方自然而然也会谈起他的孩子。然后在聊天的过程中旁敲侧击地点一句就可以了。

打扰练习：做一个有礼貌的干扰者

我会说："您好，您这里的羊汤真的很好喝，不过就是烧饼少了点儿，如果能再赠送一个的话，就再好不过了。"或者直接礼貌地询问："您能再赠送一个烧饼吗？"

如何优雅地麻烦别人填写问卷调查

我的结论：这类问法能降低被拒绝的概率。人们不想接受问卷调查有很多原因，其中一个重要原因是不想浪费时间。而且人们都有这样一种心理——帮别人一点小忙自己不会损失什么，反而会带来一种愉悦感。所以，当你提出一个几乎不占用对方时间的小要求时，很可能会被接受。

寻求陌生人帮忙的正确方式

如果我是小A，我会说："大爷您好，打扰您一下，听您口音是本地人吧？我第一次来北京，不熟悉这里，您知道这是什么地方吗？"

第八章

向朋友提要求，以不伤害感情为上策

不管你和朋友之间的关系如何，都会不可避免地遇到这些问题：朋友向自己借钱却不主动归还；朋友总是晚睡，打扰自己休息；朋友喜欢开玩笑，有时候很过分；朋友很邋遢，而且糟糕的个人卫生状况已经影响了你的日常生活……遇到这些问题时，你会怎么处理？要解决这些烦恼，就必须大胆地提出要求。

如何机智婉转地催朋友还钱

有一种事情，是你帮了别人的忙，结果却感觉欠了别人什么，这种事就是催朋友还钱。你有没有这样的感受？每次向朋友开口要钱的时候，总感觉自己是欠钱的人，你犹犹豫豫，小心翼翼，内心充满纠结和不安：对方会不会觉得我小气？或是觉得我不够朋友？结果明明自己是有理的一方，却变得唯唯诺诺，不敢开口。如果你也有类似的苦恼，这节内容就教你如何机智婉转地催朋友还钱。

生活小剧场

明明是小A的好朋友，两人认识了6年，后来明明回家乡发展，两人就此分开。前几天明明打电话来说着急买台电脑，信用卡透支了，想要借点钱，小A没多想，几千块钱的事，于是就爽快地把钱借出去了。可是后来的事让小A有点烦，朋友一直没有提还钱的事儿，而小A呢，碍于情面开不了口。

眼见大半年过去了，小刘看着朋友圈里欠自己钱的李哥，气就不打一处来，原来这位李哥经常在朋友圈晒照片，前几天还飞去了三亚，这是没钱吗？小刘摸摸自己干瘪的口袋，终于鼓起勇气催对方还钱："李哥呀，上次的钱……"话还没说完就被对方打断了："小刘啊，咱们之间别提钱，提钱伤感情，再说我不是说了等手头宽裕了就还你，最近手头还是有点紧，你再等等啊。"就这样一通电话下来，小刘还是没把钱要回来。

在向别人要钱时，借钱的人反而会有很多顾虑。比如是好朋友借了钱，借得多了一时半会儿不好意思开口要；借得少了会觉得那么点钱来回催实在太伤感情。其实真正的朋友谈钱是不伤感情的，真正的朋友不会因为你向他们催债就轻易地放弃你们之间的友情；而如果是一般的朋友，要对方还钱更是理所应当。不要因为怕影响朋友关系而不敢开口，如果对方真的因此翻脸，那么这样的人并不值得深交。

当然，敢于开口是一回事，怎么开口要钱并要到手，是另一回事。如果你也有不会知如何开口的困扰，试试下面几个方法：

1. 不要和对方比惨

很多人在催朋友还钱时会把自己的难处拿出来，其实这样的做法是错误的，因为如果对方有心拖欠，那么他会找出比你更惨的不还钱的理由，比如你说你最近快吃不开了，他会说自己已经揭不开锅了，说不定最后他还想再向你借点。

面对这种情况，千万不要和对方比惨，而是应该坚定地强调自己现在需要钱，要对方想办法克服困难把钱还上，比如下面的例子。

你："不好意思，最近手头有点紧，上次借你的钱，现在能不能还啊？"（模糊一点说出自己需要钱即可）

对方："最近我手头也特别紧，这个月的工资还没有发。"

你："我这两天就用钱，你那边能不能克服一下，想想办法呢？"（不提自己怎么困难，提要对方想办法克服困难还钱）

对方："什么事儿啊，这么急。"

你："家里的一些事儿呗，最好是明天之前，拜托拜托，一定要帮我想想办法。"（再次强调要让对方想办法）

……

2. 一些另类的方法

很多时候常规的方法并不管用，如果是朋友之间关系比较近，可以一边开玩笑一边提要他还钱的事。比如下面这几个句子：

（1）"我这边有个几个亿的项目就快要动工了，现在就差你那500块了！"

（2）"上次借你的200够用吗？不够用我再借你200？"

（3）"你看天边的那朵云像不像上次我借你的200块钱？"

（4）给对方发一首《嘻唰唰》，然后告诉对方："特别喜欢这句'拿了我的给我送回来，吃了我的给我吐出来'。"

（5）和对方说："你欠我的1万块钱这个月记得算上利息哦。"对方说："不是一千块吗"接着说："逗你玩的，看你吓的，哈哈哈"……

注意：一定不要绷着脸说这些句子，否则会让人觉得不舒服和奇怪。

3. 侧面聊对方的消费

如果对方有高消费，通过旁敲侧击，让朋友明白你的意思，一般来说，只要是有点自觉的朋友，都会主动把钱还给你。比如看到对方在朋友圈晒出游照片，不妨说："你去××旅游了啊，好土豪，真是羡慕你，我也想去，就是舍不得。"

场景练习

半年前，小A的朋友找小A借了5万块钱炒股，当时说的是半年之后如数归还。可是半年过去了，朋友炒股确实赚了，小A开口要朋友还钱，朋友却以各种理由推脱，小A不知道该怎么办。

如果你是小A，你会怎么办？试着帮小A想想办法，怎么开口才能要到钱。

_____

_____

_____

_____

怎样巧妙地向朋友提出借钱请求

大多数人都有过向人借钱的经历，在向朋友借钱时，人们最担忧的问题就是被拒绝怎么办。其实，只要掌握了正确的借钱方法，就能达到自己的目的。古人言："一诺千金。"在向别人借钱后，一定要做到按时还钱，以免给人留下不守信用的印象，破坏朋友之间的友谊。

生活小剧场

前段时间，小A店铺的资金链出了点儿问题，急需一笔钱给店员开工资。于是，她在QQ上给同学留言："在吗？"对方及时回复："在。"小A觉得两个人是多年的同学，不需要那些虚头巴脑的东西，于是直接说道："借我两万元，有急用。"

几分钟后，同学还没有回复，小A继续说："真的有急用！"这时，同学回复道："现在网络上骗子真多，你以为我会相信吗？"说完，不等小A解释，同学就把她拉黑了。

小A想了想，近年来QQ被盗号的情况屡见不鲜，同学抱有疑虑也是正常的。于是，她在微信上和另一个老同学说："我是本人，最近急需用钱，借我两万元。"

见同学没有及时回复，小A又赶忙发了一条语音："我不是骗子，是本人。前段时间看你去新加坡旅游，想必最近发财了吧？"

过了一会儿，同学回复了一个"流汗"的表情，说："大半年不联系，一联系就借钱？"

小A觉得很生气，就说："我拿你当好朋友才跟你开口的，你怎么能这么说话呢？"

同学冷冰冰地回复道："借钱还这么盛气凌人，果然，现在这个世道借钱的都是大爷。"

这时，小A才意识到自己说错了话，想向朋友解释却又拉不下脸来。结果，钱没借到，关系反而疏远了。

借钱是一个敏感话题，那么，我们怎么做，才能顺利向对方借钱呢？

首先，在借钱之前，我们应该先弄明白自己借钱的动机——这笔钱值不值得借。比如，投资、理财等就不宜向别人借钱，否则不但会丢掉面子，还会令对方觉得不愉快。同时，在向朋友借钱时，还要说明自己的意图。不可像小A一样，只强调自己急需用钱，而不说明原因。对方心里会想：我都不知道你借钱做什么，为什么要借给你呢？

其次，当你提出借钱时，对方最关心的问题就是借多少钱和什么时候还钱。如果你确实急需用钱，就要说出一个具体的金额。不要说

"最近手头有点儿紧，你有多少闲钱？""你看着借吧，多少都行。"这类话显然说明你不着急用钱，既然如此，那又何必借钱呢？

接着，确定借钱的金额后，还要和对方确定还钱日期，并且一定要准时还钱。比如一周之内、一个月之内，这样的时间往往容易被人接受。而且，借钱时间过长，也会影响对方的正常生活。

除此之外，还需要注意一些细节，比如要向亲密、有信任基础的人借钱。同时，还要根据借钱的金额筛选借钱对象。比如，你需要五万元，但朋友的年薪才十万元，这对他来说可不是个小数目，往往会拒绝你的请求。因此，借款金额最好在对方的经济承受范围内，还要注意措辞。小A借钱失败，很大一部分原因是她搞错了自己的位置。借钱显然是你有求于人，语气不可盛气凌人。这个世界上，谁也没有义务去帮助你。所以，即使对方拒绝你，也不可表露不满。

场景练习

小A这个月参加了三次婚礼，所以最近手头有点儿紧，可距离发工资还有一段时间，他便想到向好友张华借钱，但是不知道怎么开口。

请帮小A想一个成功借钱的办法。

_____

_____

_____

委婉提醒开玩笑过头的朋友

朋友之间相互开玩笑是再正常不过的事，不过相对于开玩笑的人来说，被开玩笑的一方往往更被动：如果你生气，对方会觉得你小气；如果你笑着回他句玩笑，他便会觉得没什么大不了，下次变本加厉地开玩笑。

生活小剧场

和小A一起租房子的是个特别活泼的女生，很快两个人就成了好朋友，但是好景不长，不久两人的关系就结了冰。

原来小A小时候因为营养不良，再加上有点罗圈腿，所以个子显得有点矮。两人熟悉了之后，这个女生就时不时拿小A的个子开几句玩笑，小A觉得朋友之间互相开个小玩笑也无可厚非，便没往心里去。可是有一次和很多朋友出去野炊，大家都七嘴八舌地说要带吃的带喝的，有个朋友问要不要带个小茶几什么的用来放东西，这时这个女生站起来指着小A说："还带什么茶几呀，让她过来站着就是一个茶几呀！"说完之后还自以为很幽默地哈哈大笑，小A当时就生气了。

朋友之间相处，需要互相包容，但并不代表着可以开过分的玩笑。如果对方冒犯了你，有什么理由不告诉他呢？也许你怕伤了朋友的面子，怕失去一个朋友，所以才生闷气，其实真正的朋友是不会明知道你的痛点还用过分的玩笑来伤害你的。而那些看起来关系不错的"好朋友"，在开玩笑时总是戳你的痛处，又或者总是说些令人尴尬的话，让你下不来台，那么你有权利对那个很过分的人说："你这个玩笑过分了啊！"这样既可以提醒别人，又不会显得自己没有礼貌。

如果是有其他人在的情况下，你可以先打哈哈，笑着说："你再开这种玩笑我可就生气了。"然后再找到合适的时机跟他很严肃地沟通一下。如果他不知道自己说的话过分了，而且也表示下一次不会了，那么，你的好朋友绝对是无意的。但是如果他一脸不屑，还说你开不起玩笑，那么你就应该重新审视一下你们的关系了。

除此之外，还有一类人，他们的本性就是如此，而且他们总是喜欢开一些很过分的玩笑，觉得开这样的玩笑没什么不好。对于这类人，我们更要理直气壮地指出来，要是对方不高兴离我们远去，那也没什么，因为在人生的旅途中我们不可能和每一个遇到的人都能成为朋友。

场景练习

　　小A是个不太注重生活品质的姑娘，大夏天从来不擦防晒霜，所以现在鼻子上起了一点斑。有一天被朋友看见了，朋友就笑得特别大声，边鼓掌边说："哈哈哈，你脸上也有斑了。"而且就像是发现了什么重大新闻一样，有事没事就拿出来讲，小A觉得很苦恼。

　　如果你是小A，遇到这种情况你会怎么办？你会和朋友说明白不要这么开玩笑吗？帮小A想想办法。

_____

_____

_____

_____

善意地劝说室友注意个人卫生

　　宿舍也是一个小社会，在这里生活的，有勤快之人也有懒散之人。如果你是个讲究的人，遇到不爱干净的室友真是一件很糟心的事：说出来怕伤人面子，不说又受不了邋里邋遢、脏乱差的生活环境。怎么办？

生活小剧场

　　小A有个邋遢的室友，而且室友不讲卫生的行为已经严重影响了小A的日常生活。室友的袜子总是不洗，而且喜欢塞在鞋子里面，然后第二天接着穿，如果第二天不穿的话，那就塞进鞋中，换一双新的穿，等新的穿脏了，再塞到鞋子里面。等到所有的袜子都穿过了，再一起洗。阳台是大家挂衣服的地方，可是因为室友的袜子，阳台充满了臭袜子的味道，让人难以接近。

　　说到洗衣服，室友也洗，可问题是洗了衣服，放在洗衣机里两三天不晾，等到晾的时候，衣服已经干了，于是室友就开始继续穿没有晾过的衣服。更让小A想不明白的是，现在是夏天，但是室友还盖着厚厚的棉被，恰巧室友还有穿衣服睡的习惯，结果就是衣服经常会湿，但是衣服湿了室友又不换，时间一长就有一股熏鼻子的馊味儿，让小A倍感恶心。

如果你是小A，也会为有这样的室友而苦恼不已：还能不能心情愉快地住在一起了？也许是个人习惯使然，有些人就是不在意个人卫生，甚至不在意这样会影响他人。这类人通常缺乏自觉性，你不说的话，他意识不到，而意识不到，自然不会主动去改正。所以，如果你觉得室友的卫生情况影响到了你，就一定要说出来。至于怎么说，来看下面的方法。

1. 委婉提醒

毕竟直接说别人不讲卫生是一件伤人面子的事，而且一些人的潜意识中会把卫生问题和家教挂钩，所以如果你贸然指出对方不讲卫生，在他看来你是在指责他没教养。因此，面对不讲卫生的室友，先委婉提醒一下比较好，尤其是刚认识、不怎么熟悉的室友，对方大多会为了面子或是好好相处而改掉自己的卫生习惯。

2. 半开玩笑地说

没有人想给初次认识的人留下不好的印象，而且在互相不了解的情况下，彼此身上的一些问题是暴露不出来的。如果发现室友真的很不讲卫生，不妨在平常聊天时半开玩笑地跟他说说，这样既不伤害彼此的感情，又能达到效果。

比如："天哪，×××，你妈妈看到你这样脏乱差一定会心疼你的，你怎么一天天虐待自己啊……"一般这样说，对方都能听懂你的话外音。

3. 开一个卧谈会

如果上述方法不管用，那么只能采取一些有仪式感的行动——开一个卧谈会，具体提出要对方注意个人卫生，然后委婉地提醒对方要注意的事情，如果可以的话，制定一个打扫卫生的制度。

场景练习 ▶

让小A比较悲伤的是，他有一个很不讲卫生的室友，室友在夏天洗澡的次数和洗脚的次数加起来，十个手指头都能数得清，所以身上总有一股馊味儿。而且他们共用的桌子总是堆着乱七八糟的东西，每次都得小A收拾。还有吃零食、吃饭的袋子，室友从来都是随手就扔地上……小A是个很爱干净的人，怎么才能让室友注意一下个人卫生呢？

请帮小A想想办法，要室友关注一下个人卫生问题。

_____

_____

_____

场景练习答案

如何机智婉转地催朋友还钱

我的办法：既然对方厚脸皮，我也不能太要面子，我会把微信换成还钱的字样，频繁地点赞他的朋友圈；请他吃饭，结账时说"对了，你不是欠我钱吗？从里面扣吧，其余的转账给我就好"；直接转发一篇"欠钱还钱，天经地义"的文章或短视频给他。

怎么巧妙地向朋友提出借钱请求

对张华说："你见过一个月参加三次婚礼的吗？这不是去参加婚礼，简直就是去送钱。而且现在随礼太大了，直接掏空了我上个月的工资。离这个月发工资还有很长一段时间，真是揭不开锅了。所以江湖救急借我一千可否？发工资准时还你。"

委婉提醒玩笑过头的朋友

我的办法：等她下次再开玩笑的时候，当即严肃一点，告诉她"老这样讲就有点过分了"，或者开玩笑地跟他讲"过分了啊，好像你不长斑似的"。

善意地劝说室友注意个人卫生

我的办法：对室友说"×××，我要收拾一下房间，要不要一起？"（这样的要求总是不好拒绝的）。或者和其他舍友讲个小故事，比如某某男生因为嫌弃他的女友不讲卫生而导致分手。

第九章

⋮

向爱人提要求，首先要打好感情牌

在生活中与另一半相处时，我们往往想要另一半给予我们更多的关注与爱恋。但是我们的行动总是落后半拍，甚至是仅仅止步于"我想"。

然而事实上，不卑不亢地表达出自己想要的，才是爱一个人的正确方式，所以想要什么就大胆地说出来吧。

敢于提要求才能得到尊重和体谅

从心理学的角度来讲，很多人其实是"目标型"的，尤其是男人，只有当他有一个目标时，才会去行动。所以我们经常看到这样的现象：在恋爱中，一些女孩子不好意思向男朋友提要求，等着男朋友去猜，比如期待对方出门前给她一个吻，期待对方在情人节送她一束花，期待对方带她见他的朋友……可是往往等不到想要的结果，期待只是期待，而期待的结果也往往是累了自己。

生活小剧场

小A最近感觉特别累，一边要照顾孩子、做饭、做家务，一边要坚持写作，几乎每天晚上都要熬到凌晨，所以精神不是很好，脾气也变得很差。小A本想把自己的困境和丈夫说说，但是又觉得丈夫也挺忙的，不想给他增添负担，所以一直没有说。

然而，这导致只要3岁的乐乐稍微不听话，小A就火冒三丈。虽然小A知道这样不对，但就是忍不住，而且那段时间乐乐刚入幼儿园，常常闹情绪。小A觉得自己不能这样下去了，她等乐乐睡了以后对丈夫说："其实我一个人带孩子很累，而且最近稿子又赶得急，常常对孩子发脾气……"

丈夫听小A这么说，才意识到自己忽略了对妻子的关爱，于是很愧疚地说："老婆，辛苦你了，以前是我忽略了。以后每天早上，我来送乐乐上幼儿园，然后一、三、五的晚上我来做饭，周末我会抽出一天时间带乐乐出去玩，这样你就可以有更多的时间休息或是做自己的事情。"

小A没想到丈夫这么善解人意，最近一直烦恼的事就这么解决了。

在家庭生活中，很多人不喜欢给自己的另一半添麻烦，因而常常会忽略自己内心的需求和渴望，一个人硬撑，就像是小A一样，但是硬撑只会让自己感到劳累、委屈，甚至产生一些不良情绪，而这些情绪又会影响到家人，从而导致整个家庭氛围的紧张。

我们很渴望我们的另一半理解我们，懂我们，可是对方并不是我们肚子里的蛔虫，如果我们不提出要求，对方可能并不知道我们的种种需要。可惜的是，很多人偏偏是"取悦型"的人格，这类人通常怕提要求，因为在他们看来，向另一半提要求显得自己矫情、多事。实际上，越是敢于提要求，敢于表达自己的需要，越能得到对方的尊重和体谅。为此，我们真的不需要耗费那么多的情绪成本去压抑自我，如果自己有什么需要，真诚自然地讲出来就好。

场景练习 ▶

　　小A的男朋友是一个极度不懂浪漫的人，而小A又不好意思提，比如过情人节、七夕节的时候，小A一直憧憬着男朋友送她花，可是每次愿望都落空。难道男朋友在这方面是真的缺根筋吗？小A很烦恼。

　　想要男朋友浪漫一些，本身是合理的。请帮小A想一个办法，向男朋友表达自己的想法。

社会交换论：向恋爱中的对方提要求

　　你总是小心翼翼地呵护着所谓的爱情，在对方面前唯唯诺诺，可是却一直被对方忽视；你有心提出自己的不满，可是害怕引起对方的反感，就这样卑微地诠释着所谓的爱情；你一直都把对方的需求放在第一位，而到头来还是逃不过分手的结局……

　　为什么你的爱情之路如此艰难？心理学中有个著名的理论——社会交换论。该理论认为：人类的一切活动都可以归结为一种交换，感情亦是如此。如果是单方面的付出，不懂得去要求对方，这样的爱情不是平衡的，自然会感觉到艰难。

生活小剧场

　　小A的爱情观念一直是这样的：如果对方真的爱我，自然会明白我的需要，根本用不着我开口。可是有了男朋友后她才发现，如果自己不说，对方并不会知道自己想要什么。

　　一次过生日，小A预想着男朋友会准备一大捧鲜花，然后送自己心仪的生日礼物，之后还有浪漫的烛光晚餐。可是生日那天小A

的期待落空了，因为男朋友竟然忘记了这件事，用他的话来说是工作太忙了。小A虽然理解，但是心里就是不舒服：明明自己付出很多，为什么男朋友连自己的生日都记不住？小A越想越委屈，但是又碍于面子闷在心里不说。

在恋爱中，我们大多不会去向另一半主动提要求，因为我们总以为对方能感知我们的需求。而事实上，由于男女思维模式的差异，很多时候电视剧里的桥段并不会上演，对方并不能时时刻刻知道我们内心的真实想法，自然很难事事都满足我们的期望。于是，我们会产生一种期望偏差，觉得对方是不关心我们了，不爱我们了。

其实好的感情是一种长期稳定的互助模式，这种互助可以体现为物质，比如两个人在一起生活，共同的衣食消费会降低独自生活的成本，从而形成物质上的"双赢"。也可以体现为情感交换，两人在一起生活，彼此要提供情感支持与心理安慰，相互欣赏与尊重。

既然本质上是一种交换关系，有了需求就应该大胆地提出来，而不是唯唯诺诺地在爱情里面扮演委屈者的角色。

那么应该怎么向另一半提要求呢？以下几个策略能帮助你勇敢地开口，且不会引起对方的反感。

1. 找准恰当时机

当对方正要打算做某件事时，不必再提出要求强调，这样只会引起对方的反感，比如对方本就打算去洗碗，你就不必对他说："你能不能把碗赶紧洗了？"

2. 避免命令式的语气

只要带着"命令式的怨恨语气"提出请求，不管你语言组织得多好，对方都会觉得这是一种命令。

3. 少用"能不能"，多用"可以吗"

在提要求时，很多人喜欢用"能不能"，这个词听起来有埋怨的意思，又好像是在质疑对方的能力，比如"你能不能把地拖一下？"听到这样的要求，对方的第一反应是：能啊，当然能啊。而不是：我可以，我去拖。而如果你说："你可以把地拖一下吗？"这样的措辞就会缓和许多，起码没有刚才那句话听起来那么让人反感。

场景练习 ▶

小A是那种不怎么喜欢提要求的人，而小A的男朋友又是一个脑子缺根弦的人，小A不说，男朋友永远不会主动为她做什么，所以小A很痛苦。

如果你是小A，你会怎么办？怎样才能向另一半表达自己的需求呢？认真思考一下，把你的想法写下来。

_____

_____

_____

如何巧妙地劝慰另一半戒烟

"吸烟有害健康",虽然在烟盒上面有这几个字,但是抽烟的人并没有因此而减少,而且每当劝慰另一半戒烟时,多半会有吵架的现象发生。据调查显示,几乎所有吸烟男性的妻子都采用过"好言好语,摆事实讲道理"的方法劝诫丈夫戒烟,但是效果往往不理想。

那么这些人是真的不想戒烟吗?其实不然。"DIMSDRIVE在线调查"对日本的吸烟者进行了问卷调查,在调查问卷中有这样一个问题:如果可以轻松戒烟,你是否想戒?结果显示,有54.9%的人回答"想戒",而只有27.5%的人回答"不想戒"。也就是说,大多数人都有戒烟的想法。因此只要大胆地说出你的想法,然后再配合一点技巧,要另一半戒烟并不是什么难事。

生活小剧场

小A的丈夫其他地方都不错,就是有个坏毛病——吸烟,而且是一天两包(一包自己抽,另一包用来应酬)。小A一直想让丈夫戒烟，但是口头上说说根本不管用，为此小A展开了要丈夫戒烟的计划：首先，不明显反对他抽烟；然后用他的喜好利诱他；最后再用孩子及家人的健康探路。

首先是不明显反对吸烟。对于一个有烟瘾的人来说，要他马上戒烟很难做到，如果强行制止，反而会影响两人的关系。小A也明白这个道理，不过希望丈夫能少抽一点贵的烟，以此来减少家庭开销。对于小A的要求，丈夫欣然接受了，从此加入了大众烟民的行列。

然后，在小A的引导下，家中准备买一辆车。当丈夫正对新车爱不释手时，小A和丈夫进行了一次深刻的谈话："家里买车后的开销明显加大了，只能在其他方面节省，如果可以的话，能不能每天省一包烟？'结果很顺利，小A的要求又一次被接受了。

一段时间以后，丈夫适应了一天一包烟的节奏，这时小A对丈夫说："烟可以继续抽，这一点我能理解，但是孩子马上就要出生了，为了孩子的健康，不能当着孩子的面抽烟。"本着为大局着想，丈夫心甘情愿地接受了。

劝诫另一半戒烟是关心对方的身体健康，虽然出发点是好的，但是如果方法用不对，反而会让对方产生"你不接纳我"的感觉，所以郑重、严肃而带有命令性的语气会让对方本能地反抗，变本加厉地继续抽烟。而如果运用一些方法，温柔地劝慰，则更有效，就像文中的小A那样，用温水煮青蛙式的方法一步步引导丈夫戒烟。

小A的男朋友有4年左右的烟龄，刚刚在一起的时候，男朋友答应小A会把烟戒了，之后的一段时间男朋友确实没再抽烟，小A满心欢喜地以为男朋友真的把烟戒了。可是有一次，小A偶然发现男朋友在卫生间偷偷抽，小A很恼火，但是又不知道该怎么办。

如果换作是你，想必也很气愤，但是生气是一回事，解决问题是另一回事，现在请帮小A想想办法。

如果另一半沉迷于游戏该怎么提醒

　　很多人经常抱怨自己的另一半沉迷于游戏，对自己不理不睬，尤其是一些女孩子，对男生玩游戏感到深恶痛绝，恨不得把他的电脑给砸了，或者对他下最后通牒："你要游戏还是要我？！"

　　然而这种方法并不怎么奏效，甚至会引起对方的反抗，结果问题没解决，爱情却岌岌可危。

生活小剧场

　　小A刚和男朋友在一起的时候，男朋友在外地工作，每晚都会与小A通电话聊天，小A也没觉得他有多爱玩游戏，可是后来两个人搬到一起住以后她才发现男朋友玩游戏上瘾，甚至每天都玩到凌晨，小A感到备受冷落。

　　一次，小A生病了，在屋里躺着休息，正好快递来了。小A叫男朋友去取快递，可是男朋友玩游戏玩得正High，根本没有理会小A。小A又催了几次，可是男朋友却说："等我打完这一局。"小A气急了，直接拔掉了电源线。男朋友也很生气，觉得小A太任性，于是两个人吵了起来。

爱情中的两个人都希望对方能全身心地投入感情中，但是有时候面对种种诱惑又控制不住自己，很常见的一个现象就是沉迷于游戏，尤其是男孩子，更容易陷入游戏中不能自拔。你有这样的困扰吗？和另一半约会，结果对方因为打游戏迟到半小时；你工作很累，想要向另一半倾诉，而对方却抱着游戏不放手，你忍不住抱怨几句，对方却不爱听。

如果对方因为沉迷于游戏而忽视了你，请不要忍气吞声，而要大胆说出你的需求，起码要让对方知道你需要他的陪伴。以下几点建议能帮助你说出想说的话，且不会引起对方的反感。

1. 不要指责和命令

首先你应该明确一点：如果对方爱你，沉迷于游戏中的他（她）是有愧于你的，其实对方知道自己太爱玩游戏而冷落了你。这时我们要做的第一步，不是指责对方，因为一指责，对方的第一反应就是为自己辩解，然后还会失去愧疚之心，甚至越说越觉得自己委屈：我不就是玩玩游戏吗？你至于那么上纲上线吗？而且指责和命令很容易引起对方的反感。

2. 从正面切入

指责和命令不仅起不到半点作用，还会影响感情，所以我们应该从正面切入，比如："宝贝，你可以先把碗刷了再去玩游戏吗？"

3. 步步为营

要知道直接不要对方玩游戏很可能会惹怒对方，所以应该循序渐进。如果可以的话，两个人做一个约定，规定打游戏打多久或者不能超过多长时间，一点一点减少对方打游戏的时间。

如果形成了约定，但是对方不遵守怎么办？这时就要建立起明确的奖惩制度，比如，如果对方遵守了约定，可以买一个游戏皮肤送给他；如果对方耍赖，就罚他做他最讨厌的家务，如刷碗、整理衣服等。

4. 贴纸条

如果不善于表达，不妨在家里显眼的地方都贴上一张纸条：要打游戏之前先问××。这样做可以给对方一种心理暗示，即打游戏是需要尊重另一方的，而不是为了游戏就不管不顾对方的感受。

场景练习

小A和男朋友在一起已经两年了。刚开始的时候，两个人在一起很愉快，可是后来男朋友迷上了玩游戏，而且是痴迷的那种，而小A是个游戏"小白"，两个人经常为了游戏的事吵架。有一次小A过生日，男朋友竟然和某女玩家打了半天游戏……

如果你是小A，遇到这样一个痴迷于游戏的男朋友，你会怎么办？在选择分手和不分手的前提下分别阐述自己的想法。

如果分手，我的理由是：

_____

_____

_____

_____

如果不分手，我会这样做：

_____

_____

_____

_____

场景练习答案

敢于提要求才能得到尊重和体谅

我觉得小A应该这样做：既然男朋友在这方面不开窍，如果女生再什么不说，那么何来浪漫呢？爱情里没有谁先主动一说，女生想要浪漫，可以提前直接对男朋友说："亲爱的，情人节快到了，我能收到你的鲜花吗？"

社会交换论：向恋爱中的对方提要求

我的想法：爱是需要表达的，如果对方不懂表达感情，就该向对方提出来。如果你不提出来，或许对方根本不知道你内心的真正想法是什么；你不说出来，也不知道你是如此的在乎对方。所以要从小事做起，需要对方的陪伴就直说，需要对方做什么就直说，不要不好意思。因为你们是要过一辈子的人，如果这点要求都不能提，那岂不是很憋屈？

如何巧妙地劝慰另一半戒烟

我的办法：既然是偷偷抽烟，就是不想让你知道，所以这时候任何的责怪、讲道理都是没有意义的，不如收起情绪，心平气和地去和他沟通："我知道让你彻底把烟戒了太难为你，不过我希望你真的忍不住想抽的时候可以和我说一下，而不要这样躲着我。"

如果另一半沉迷于游戏该怎么提醒

如果分手，我的理由是：两个人在一起，不能说一定要完全为对方改变，但是起码的在乎和关心是必需的。如果对方一直沉迷于游戏，怎么劝也不听，甚至连自己的生日都不在乎，那么可以考虑分手了。

如果不分手，我会这样做：千万别说永远不准对方玩游戏之类的话，这样反而会加剧爱情走向灭亡。可以让对方适当控制一下，多陪陪自己，或者一起找一些事情做。这样，做其他事情的时间多了，玩游戏的时间就少了。

第十章

向同事提要求，关键是用对
方法

　　向同事也要提要求？没错，不知道你注意到没有，与你一起共事的同事，总有那么几个是你不怎么喜欢的，但又没法避免与其打交道，而且最让人头痛的是对方根本不好好配合你，这时你是果断要对方配合还是独自默默忍受？同事之间本是工作关系，没什么不好意思的，如果对方为难了你，冒犯了你，没有理由把自己的委屈埋在心底。

给同事提意见又不伤和气的秘诀

人都是敏感的动物，而且多数人都以自我为中心，面对他人的批评会下意识地有排斥的心态，比如当别人提出建议的时候，即使是豁达的人也会本能地产生一些排斥。而在职场上，除了要勇于表达观点以展现自己的工作能力外，还应该学会给同事提意见。为什么要这么做？

举一个简单的例子，你和同事共同完成一个项目，对方一直懒懒散散，如果你睁一只眼闭一只眼，影响的是整个项目的效率，说不定你还会为此付出更多的时间和精力，而这些本就不是你应该承担的。

当然，同事这层关系又不同其他，在向同事提意见时千万要用对方法，否则很可能影响到你们之间的关系。

生活小剧场

小A在一家网络科技企业上班，是纯正的小白领，收入待遇都挺不错。新来的同事是典型的烟民，还特爱吃大蒜，所以口气很重。小A和同事分在一个项目组，同事因为是新手，所以有很多问题要向小A请教，平日里比较热心的小A却对此不是很乐意，原因就是小A受不了同事的口气。

一天，这位同事嘴巴上了火，他抽完烟后向小A请教一些工作细则。小A闻到那股烂臭味，当时就皱着眉头说："先吃条口香糖，再来跟我说话！"当时公司里还有不少人，小A声音虽然不大，但几个同事还是停下了手里的工作，好奇地望了过来，而同事则是先愣了下，然后满脸通红地回到了自己的工位。

就这样，两个人后来谁也不搭理谁，有合作的时候也是矛盾不断，主管只好把他们分到不同的项目组。

小A本来是想给同事提意见，但是说话的方式和语气有些不对，结果让同事误以为小A是在侮辱自己，导致两人产生了隔阂。

在职场中我们总会遇到一些和自己不搭的同事。不搭体现在各个方面：一起共事却懒惰到拖垮你的进度；总是在工作中和你唱反调；固执己见，不好沟通；等等。碰到这样的同事，你心里或多或少会出现"天啊，我真的没办法和这个人一起工作"的想法，但是也不能因此就原封不动地把自己的真实想法倾倒而出。要知道，你只是给对方提一些意见，而不是在批评对方。

同事之间的关系很微妙，如果处理不好，就会让彼此的关系陷入冰点，不仅当下不欢而散，还可能留下疙瘩，导致双方连之后见面都变得尴尬甚至针锋相对。

那么，在职场这样一个充斥、交织着利益和陷阱的地方，该如何恰当地向同事表达自己的建议又不伤和气呢？不妨试试"5W+1H"说话原则：

- When（何时）——提建议时要选取的时间。
- Where（何处）——提建议时要选择的地点。
- Who（何人）——明确你和同事的关系（关系不错or一般）。
- What（何事）——具体提什么意见、建议。
- Why（何故）——告诉同事为什么要提意见、建议。
- How（如何）——如何组织自己的语言，在不伤和气的前提下提意见、建议。

其中有两个需要注意的点：

1. 最好在休息的时间私下提意见

职场是很讲究面子的地方，无论提什么意见，都不要当着其他同事或领导的面和同事说，这会让对方很没面子。而是应该尽量选择在休息的时候私下告诉他，最好是在午休或者下班的路上，因为这时候人的身心是放松的，对于意见、建议的接受程度也是比较大的。

2. 根据关系密切程度提意见

根据和同事关系的不同来提意见，如果是亲密度比较高，彼此很熟的话，那么就不用多虑了，说出你的真实想法，只要你提出的意见是合理的，对方一般都能接受。不过也要记住，不要揪住对方的问题碎碎念。而如果不是很熟，关系一般的话，注意语气一定要委婉，不要生硬，而且还应该运用一些小套路，例如先肯定对方做得好的地方，然后再去指正对方做得不好的地方。总之就是要让同事知道，你给他提意见是为他好，不是在找茬。

场景练习

　　小A是一家汽车公司的技术员，他有学工科的人特有的严谨，只要同事提出一些想法，他看到不合理的地方，就会当面指出来，有时把气氛弄得很尴尬，不过小A觉得这样没什么不妥。可是时间一长，小A发现不论在什么场合，只要他提出意见，立刻就有同事反对。小A很苦恼，是自己什么地方得罪了同事吗？

　　请帮小A分析一下，为什么总有同事反对他。

_____

_____

_____

_____

请同事帮忙：说软话、办硬事

在职场中，每个人都负责自己的事情，理想的情况是"各人自扫门前雪，休管他人瓦上霜"，可是实际上总有需要请人帮忙的时候。在职场中让同事帮忙，大致分为三种情况：最低级是强压，即让同事下不来台的道德绑架；其次是假借领导的名义（这种会让人感到莫名的不爽）；最高级的是既让对方无话可说，又让其高高兴兴地帮忙。

生活小剧场

小A有个项目很赶，可是她缺少一些市场调研数据，为了赶进度，她决定找同事帮忙，为此她特意请同事吃了一顿饭。席间小A和同事谈到了工作，小A运用了一些小套路，夸奖了同事一番，说自己一向很欣赏对方的办事能力，希望在以后的工作中，同事可以多多帮忙。

同事听了自然高兴得合不拢嘴，小A看同事心情大好，委婉地提出了要同事帮忙的请求，同事很爽快地答应了。

项目顺利完成后，小A感谢了同事，还送了同事一条领带，而同事则感到不好意思，又回请了小A一顿饭。

小A请同事帮忙，这看似是一件简单的事儿，其实其中暗藏法则。小A明白是自己求人帮忙，嘴巴自然要甜一点，而且要给对方一些实质性的回馈，这不能不说是一种套路，结果证明这种诚意满满的套路很有效果。

同事之间相处，需要一定的准则；请同事帮忙，也需要一定的语言技巧，总结起来就是"说软话，办硬事"。具体怎么做？参考以下几点建议：

1. 态度诚恳

请同事帮忙，首先态度要诚恳，而且要突出自己已经尝试过各种方法，是实在没办法才找他帮忙的。

比如可以这么说："这件事情，我已经尝试了各种方法，把能想到的都过了一遍，但是就是没有用，所以实在没办法了，希望你帮帮忙。"

2. 利益交换

在职场中每个人都是怕麻烦的，对于大家来说，做好自己的事情就可以了，别人的事情做好了是一个人情，如果做坏了则可能得罪人。再者，没有好处干吗要做？在职场中要遵循利益法则，所以在职场请人帮忙要利益交换，比如请人吃饭。

记住承诺一定要兑现做到，这样才能树立言而有信的个人形象。

3. 给对方戴高帽

有些同事不吃请客吃饭这一套，而且我们自身也很难扛得住经常请客，这时不妨用给同事戴高帽的方法满足同事的虚荣心。

一般来说，我们请同事帮忙，被拒绝的理由无非有两个：忙和不会。如果对方说"忙"，很可能不是真的很忙，这时应该这么说："我也知道你忙，但正是因为你做事靠谱，老大才会相信你，给你这么多事情，而且我这件事其他人还真做不了，只能找你帮忙了，拜托。"而如果对方说"不会"，很可能不是真的不会，这时应该这么说："如果你说不会，那就没有人会了，其他会的同事我也了解过了，你是这方面的高手，高手出马准没错。"

用这样两顶高帽给对方一个说服自己帮我们的理由，事情就顺其自然了。

场景练习

小A是一家图书公司的编辑，一次因为稿件需要，想要找同事帮忙拍摄一些照片，可是这会占用对方的周末时间，所以小A扭扭捏捏的，不知道怎么开口。

请帮小A想想办法，该怎样跟同事说。

_____

_____

_____

_____

如何让其他部门配合你办事

一个人再有能耐，他的资源是有限的，能力是有限的，精力也是有限的；尤其在职场中，完成一项工作很多时候需要其他部门同事的配合。虽然大多数人还是很乐于助人的，但是总有一些人出于各种原因不配合你的工作，这是十分令人懊恼的。

生活小剧场

小A接到一份英文文件，领导要他找外贸部帮忙翻译一下，而当小A去找外贸的同事帮忙时，对方却说没有时间，要他自己翻译。小A一阵头大，心想自己翻译肯定是不行的，如果在网上翻译，也可能不准确，但是外贸部的同事又不肯帮忙，最后小A实在没办法，硬着头皮找朋友翻译的。

还有一次，领导要小A主持会议，不过会议需要行政部的协助，小A去找行政部的同事帮忙，可是对方总是以一大堆理由搪塞小A，最后小A不得不自己忙前忙后，累到半死才把会议搞定。小A觉得很委屈：为什么和其他部门的同事打交道这么难呢？

在职场中，乐于助人的同事还是蛮多的，但是有时候也会碰到那些喜欢推脱、不配合工作的同事，这些人不配合工作的原因有很多种。比如有的人工作态度有问题，懒惰嫌麻烦；有的人本就懒散，自己的工作都嫌多不想干，更不会配合别人做事。也可能是因为个人偏见，毕竟没有人能做到完美，让每一个人都满意。

不管什么原因，有了任务你就得完成，那么怎样才能让其他部门的同事配合你的工作呢？以下是几点小建议：

1. **态度友好冷静**

和其他部门的同事打交道，首先态度要友好冷静，即使遭到拒绝也不要大发雷霆。比如老板交给你一个任务，需要其他部门的同事配合，可是对方却找了一大堆理由来拒绝，记住，这时千万不要冲动，也不要与他争辩，因为大吵大闹是没有用的，反而会为你增加要他配合工作的难度。

2. **拿上司支着**

如果遇到同事不配合的情况，一定要及时向上司反馈情况，争取得到上司的支持，然后再去和对方沟通。比如："我们这边已经和你们领导沟通过了，需要你们帮忙翻译一份文件。"有时候把领导抬出来，阻碍会少很多。

3. **尽量先跟寻求配合的部门的负责人沟通**

有些人觉得是一些小事，不想去麻烦其他部门的领导，但是事实上如果你第一时间去找他们领导，让领导去安排下面的人配合你的工作，这样就会容易得多。

4. 平时与其他部门同事多联络

在平时要多和其他部门的同事走动、交流，而不要等到有事情了才去找他们，经常走动彼此熟悉后，有什么需要自然也好办很多。

场景练习

最近几天，领导一直催着小A拿出新的产品目录册，可是目录册上有几个技术问题需要技术部确认。小A去找技术部的技术员，对方每次都答应得好好的，可是每次小A跑过去问时，对方都说结果还没出来。小A很着急，不知道该怎么办。

如果你是小A，遇到这种情况你会怎么催促技术部的技术员？

_____

_____

_____

_____

如何要求野蛮同事尊重自己

有这样一类同事：他们不会对你拳脚相加，但是动不动就恶语相加，他们喜欢欺负新人，喜欢计较，嘴皮子上的功夫很厉害，是办公室的八卦先锋……这类人我们称之为"野蛮同事"。对于"野蛮同事"，虽然你的态度是能忍则忍，能躲则躲，但是同在一间办公室，平日里免不了打交道，如果对方冒犯了你，你会勇敢地提出要对方道歉的要求吗？

生活小剧场

最近小A所在的部门来了一位女同事，这位女同事有点个性，不仅抽烟喝酒，说话还口无遮拦，逮着谁叫谁"honey"，让许多男同事都瞠目结舌。

虽然同事大大咧咧的性格很受大家的欢迎，但是时间一长，大家就觉得这位同事有点活泼过分了：她抽烟的时候吞云吐雾，还把烟直接往同事身上喷；在和客户谈生意时也没有该有的样子；和同事说话聊天总是想到什么说什么，有时还有意无意爆粗口……

小A有点讨厌她，但是这位女同事的英语很棒，为了工作上的事，小A不得不去请教她。一天小A向她请教几句专业的英文翻译，因为怕忘了，所以一直挂在嘴边，同事大概是听得烦了，就大声说："就你还说英语呢！赶紧闭嘴吧，真是笑死人了！"本来这句话是在开玩笑，但是同事说话的语气太过强硬，听着像是在侮辱人。小A当时脸就绿了，郑重地对同事说："你英语是好，但是你没有理由嘲笑我，请你放尊重些。"

面对小A突然的反击，同事也感觉自己说错话了，只好闷声不说话，去工作了。

社会是一个大舞台，各种各样的人混杂其中，而办公室虽说是一个小剧场，但其复杂性不言而喻，尤其同事之间的相处之道是一门很深的学问。同事之间相处以和为贵，但是总有那么一些人，有意无意地冒犯你，尤其是那些"野蛮同事"。当遭遇到冒犯时，我们应该大胆地反驳，并要求对方给予道歉。有些人觉得这样会把同事关系搞僵，其实不然。针对不同类型的"野蛮同事"，采取相应的应对措施，一般来说就能解决问题。

比如欺生型的"野蛮同事"虽然喜欢排挤新人，但是并不是真正意义上的恶人。如果他们有意为难你，你在适当的时候可以反击，告诉对方你需要尊重即可。

场景练习 ▶

　　小A刚刚入职，同一部门有一个同事，可能是因为资历比较老，所以不管是在平时还是开会的时候，说话都很不客气。一次，小A和该同事一块出去办事，俩人本来是分工完成工作，可是同事却把任务丢给了小A，而且还用命令的口气对小A说："你待会儿把客户资料给我，顺便帮我带一打啤酒。"小A很不乐意，因为对方显然把他当成是跑腿的了。

　　请帮小A想想办法，该怎样向同事说出自己的想法，要对方学会尊重。

场景练习答案

给同事提意见又不伤和气的秘诀

我的分析：给同事提出意见本来是一件好事，可是当面指出来难免会伤对方的面子，甚至被人误会为故意和他作对。一旦对方有了这种对抗心理，就会给你的工作带来很大的麻烦，直接表现为处处和你对着干。所以，在给同事提意见时一定要注意场合，私下里说比较好。

请同事帮忙：说软话、办硬事

这样跟同事说："这件事只有你能帮忙了，我在组一本有关摄影的稿件，而公司懂摄影的只有你了。我实在不知道该找谁了，如果你能帮忙的话，我请你看电影。"

如何让其他部门配合你办事

如果我是小A，我会这么说："看你最近的工作效率不是很高啊，你是遇到什么问题了吗，需不需要我帮助？"如果对方说："不需要，谢谢你的关心。"你就可以说："那好吧，这次必须给我一个结果，相信你的能力应该没问题吧？"当然也可以强硬一点："客户那边着急，领导要我马上确认一下。"

如何要求"野蛮同事"尊重自己

我教给小A的方法："这个我可以帮您办，不过我手头上的文件领导着急要，要不您先去跟领导沟通一下？"或者说："对不起，我有自己的本职工作要做。"

第十一章

向客户提要求，必须兼顾双方的利益

很多销售员认为客户会主动提出成交要求，因此，他们经常等待客户先开口，但是这样做也会错失很多成交机会。其实，在销售沟通过程中，向客户提要求是一个很重要的技巧，通过提要求能了解客户的需求，引导客户的思维，从而促成交易。

登门槛效应：先提小要求再提大要求

　　你一定遇到过免费发美容卡的，商家免费派发一张体验卡。免费的为什么不去呢？于是你拿着免费的体验卡去了美容店，而等你出来时兜里就会多了一张会员卡。同样，你也遇到过美食卖家的免费试吃活动，比如某种小吃的卖家会在商品上附带一包"试吃装"，你觉得反正是免费的，尝尝鲜也是可以的，后来听了售货员的说辞，你觉着产品确实物美价廉，于是买了大大一包。

　　可以说这种免费试用、免费试吃经常出现在各种超市等促销场合之中，这种亏本的行为能为卖家带来丰厚的利润。那么这里面暗藏着什么奥秘呢？

生活小剧场

　　小A是某化妆品店的销售员，对于销售，小A有一套秘诀。每当有顾客进来时，小A都会说："不买也没关系，您先免费试试，看看效果。"小A礼貌热情，大多顾客都会停下来试一试。

　　在顾客试用的时候，小A便会抓住机会向对方介绍产品的各种功效："瞧瞧．这款粉底液的颜色跟您的肤色多么接近啊！"

接着，看到顾客对化妆品感兴趣了，小A又会告诉她这个产品的质量如何好，价格如何便宜，最后要求顾客购买一款，而这时大多顾客试用了，又说不出不买的理由来，于是乖乖地掏出了钱包。

很多顾客对推销的产品毫无兴趣，但是她们每次都会不由自主地掏出钱包买下很多东西，这里面的秘诀就在于很多销售员都会使用登门槛效应。

这个技巧曾被社会心理学家弗里德曼验证。在实验中，他首先拜访了一些家庭主妇，向她们提出在窗户上贴一些小标记或在请愿书上签名的请求，这些家庭主妇都接受了。半个月后，他再次访问这些家庭主妇，提出了更高的要求——在门前草坪上竖一块并不美观的广告牌，结果多数人都同意了。同时，弗里德曼还向没有接受过第一次拜访的主妇提出了相同的请求，结果很少有人同意。

所以登门槛效应的具体操作是：提出一个小的要求，然后再一点点增加砝码，提出更大的要求。那么为什么这个技巧会增加要求被答应的可能性呢？社会心理学家曾对此做过解释：大多数人都希望在别人面前保持一个前后一致的形象，在接受一个小要求之后，面对对方提出的更大的要求，会产生一种"反正都已经接受了，再接受一次又何妨"的心理，在这种心理因素的作用下，对之后要求的抵抗心理会大大降低。

很多销售人员都常常使用这种技巧来说服顾客购买他们的商品。通常他们不会直接向顾客推销产品，而是先提出一个大多数人都能够接受的小要求，然后再一步步地达成自己的推销目的。比如他们会叫你先试用、试穿，接受他们的殷勤服务和赞美，然后再提出要你购买的要求。又或是要你先做个调查问卷，然后叫你去办会员卡、充钱。总之，等这些免费体验的要求实现之后，他们就会向你提出让你掏钱购买的要求。

场景练习 ▶

小A正走在繁华的街道上，两边是数不胜数的服装店。小A只是随便逛逛，并没有买衣服的打算，可是一家服装店的售货员跟小A打招呼："帅哥，进来看一下吧。"小A心想：看一下又无大碍，反正也没有别的事情。于是，小A就进去了。

小A刚抬脚进入服装店，售货员就热情地迎了上来："喜欢就试一下吧，不买也没关系。"

小A又想：既然不买也没关系，那就试一下吧。

当小A穿上以后，售货员忙不失时机地说："带走一件吧，穿在您身上多合适呀！"

小A看了看镜子里的衣服，虽然不是很好看，但是也不是很难看，再加上售货员热情周到，自己不好意思拒绝，于是便买了下来。

出了服装店，小A有点懵，不知道怎么就莫名其妙地买了一件衣服。

　　相信你也遇到过类似的情况，销售员在这里面运用的就是登门槛效应，你学会了吗？请模仿售货员的做法，先提出小的要求，再提出大一点的要求，在实际生活中运用它。

互惠原则：让老客户帮你介绍新客户

著名销售员乔·吉拉德总结出了一套"250定律"，即每一位客户的身后，大致有250名亲朋好友，而这些人都可以成为你的潜在客户。但是几乎每个营销人员都知道，开发一个新客户的成本是维护一个老客户的5～10倍，所以虽然有很多潜在客户，但是怎么开发是一个难题。

为什么不换一个角度，试着让老客户帮忙介绍新客户呢？不要把老客户当作一桶石油，而是应该将其当作一座油田，通过让老客户帮忙介绍新客户，你就能获得源源不断的石油。

生活小剧场

A公司推出了一项活动，即给所有的老客户赠送一份为期五年的杂志，每个老客户都很高兴地接受了。

杂志是按月发送，在第一份杂志发出去的同时，A公司的客服打电话给客户，询问杂志收到没有，对方也会礼貌地回应，并感谢他们的礼物，这时客服会聪明地向对方提出一个要求："如果您身边有朋友需要我们的服务，您能否帮我们介绍一下呢？"几乎所有客户都会接受这个请求，因为他们觉着收到了免费的杂志，欠了份人情，唯有答应要求，心理上才会好受些。

接下来，A公司每个月都会给那些老客户寄送杂志，同时客服也会及时跟进，要客户帮忙转介绍，于是杂志一个月一个月地继续送，电话也一次一次地打，A公司既维持住了老客户，又得到了源源不断的新客户。

试想一下，如果你是A公司的客户，每个月都会收到免费的杂志，而对方仅仅是要你帮忙介绍一些客户，你会不会接受呢？我想大多数人都会接受的，因为这本身就是一件互惠的事。

转介绍是获得新客户的最佳渠道，通过转介绍不仅可以留住老客户，还能挖掘新客户。不过要老客户帮忙转介绍时一定要注意时机和方法，以下几点建议能帮助你向客户恰当地提出转介绍请求。

1. 掌握最佳时机

如果你贸然向客户提出帮忙转介绍的请求会有点尴尬，而且对方很可能会拒绝，所以要注意掌握时机。一般来说，以下3种情况可以向客户提转介绍要求：

（1）当客户购买产品时

（2）当你为客户做了一些事情，对方表示感谢时

（3）当客户对你的产品和服务感到满意时

2. 运用经典话术

说话是一门艺术，同样一句话，用不同的方式表达会有不同的

效果。在向客户提转介绍的要求时，如果能掌握一些经典话术，就能帮助我们有效提出要求。

比如成功签单时的转介绍金句："感谢您对我的信任，帮助朋友拥有保障是不花钱的慈善，想必您的朋友、亲戚当中也有像您这样照顾家庭的人，您能不能帮忙推荐一下呢？我会为您的朋友做一次免费的保险咨询，买不买保险都无所谓。"

比如初次见面时的转介绍金句："刚才您也看过我们的产品了，确实不错，您也知道，我们的工作靠的就是人际关系，如果您觉得我们的产品不错，能否把它推荐给您认为需要它的人呢？"

再比如递送保单时的转介绍金句："这是您的保单，其实有了这份保单，您就有了踏实的感觉，这种踏实的感觉应该送给更多的人，您可以推荐几个认识的同事或朋友吗？您放心，我绝对不会给他们添麻烦。"

3. 留意注意事项

要老客户帮忙转介绍时也要留意一些注意事项，这样能帮助你得到更好的回馈。

（1）服务比客户预期的还要好一点

无论何时，诚挚的服务都是赢得客户的重要保证，不要轻视客户的人脉力量，不要以客户消费多少来论价值，而是应该诚挚地为顾客提供服务，然后在此基础上再让对方帮忙转介绍。

（2）要老客户多了解你的产品

如果客户本身不怎么了解你的产品，那么让他再去转介绍就会很困难，所以在向客户推销产品时一定要把产品的特色讲解清楚。

（3）给老客户一点利益

在没有任何利益的前提下，很少有人愿意为你转介绍，所以要客户帮忙转介绍时不妨给老客户一点利益，让他们从心理上感觉欠了你的人情。

场景练习

小A刚进入销售行业，经理没有急着要他去开发新客户，而是要他去维护好老客户，想办法让老客户转介绍。可是小A接触后才发现，那些老客户大都是40岁以上的工厂老板，小A觉得跟他们聊不来，于是很苦恼，不知道该怎么办。

请帮小A想想办法，怎样才能和这些客户聊到一块，并要他们转介绍。

先问客户需求，再提自己的要求

"为什么我花了很大功夫跟客户沟通，却换来一句'我不需要'或'我再考虑一下'？""为什么客户总是说'看看'，然后什么也不买？""为什么其他的销售人员能轻松搞定客户，而我却不能？"

美国人寿保险创始人弗兰克·贝特格曾说："有些销售人员之所以失败，是因为他们根本不知道什么是销售的关键点。其实关键点很简单，就是客户最基本的需求或最感兴趣的细节。"

也就是说，只有真正深入了解客户的需求，掌握客户需求的变化，才能对症下药，进而提出成交要求，促成交易。

生活小剧场

晚上小A正在珠宝店给几位新人进行培训，这时一位女士走进了店里。小A迎了上去："这位女士，您好，您是要看钻戒还是对戒呢？"

"钻戒。"女士回答。

"那您想要简单一点的还是要带碎钻的？"小A问。

"简单一点的吧。"

"那您可以看看这几款，您是想买多大的呢？"

"25分的。"

"这款38分的很不错呢，是我们店里最新的款式，您看下。"小A拿出几款钻戒给顾客看，接着问，"请问您什么时候用呢？"

"国庆节。"

"今天是22号，我们这里可以保证在28号之前给您出货。"

"那你们这儿打折吗？"

"我们打九五折。"

"那还不如不打折。"顾客有点抱怨。

"想必您也看过其他品牌，虽然打个六折七折，但实际上款式、用料差不多的钻戒打完折以后的价格比我们店不打折的还贵，而且一般周期要两个星期。如果您急用的话，怕是时间不够。"

"那最低价是多少？"

"这样吧，这款钻戒给您8200元的价格。"

"我想再考虑一下。"顾客有点犹豫。

"如果您能现在就定，我给您7900元，这是我能给您的最低价格了，您要是觉得可以，就去那边付下款，我帮您打包。"

就这样小A成交了这笔订单。

我们来回顾一下整个成交过程，小A通过一系列的提问，初步确定了顾客的需求——想要买25分的，简单一点的，能在国庆节之前出货的钻戒。当然，顾客的某些需求是可以改变的，比如顾客想要的是25分的钻戒，可是最后在小A的引导下对38分的钻戒产生了兴趣。

这就说明顾客刚开始告诉你的需求不一定是真的，只有在接待过程中不断提问，才能获得顾客的真正需求。而当了解了顾客的需求之后，销售人员可以根据顾客的需求信息来提出种种要求，比如案例中小A在掌握到顾客要在国庆节之前拿到钻戒，且其他品牌定制周期长的信息后，对顾客提出了成交要求：如果顾客能定，就给出7900元的价格。

因此，在销售过程中销售人员有必要通过一些方法来获得顾客的需求，然后根据顾客的需求去提要求，最后完成交易。

场景练习 ▶

小A向一家公司推销电脑。小A事先已经做过调查，这位客户公司使用的电脑在市场上已经淘汰好多年了，经常出现问题，但是当面洽谈的时候，客户就是不愿意购买新电脑，说："我们的电脑前些天刚升完级，不需要换新的电脑。"说完就不再理会小A。

如果你是小A，怎么才能打开客户的需求缺口，抓住客户的痛点来提出要对方换电脑的请求呢？思考一下，想一想该怎么做。

_____

_____

_____

假设成交：向顾客提出成交要求

　　你一定遇到过类似的现象：你和顾客周旋了大概有十分钟，本来就要成交了，可是顾客突然不买了。其实，许多销售员之所以在最后的成交时刻功亏一篑，就是因为没有提出成交要求，这就像瞄准了目标却没有扣动扳机一样，如果销售人员不主动提出成交要求，买卖就难以成交。而如果从一开始就假设成交，并在此基础上向顾客提出要求，那么顾客就会按照你设计好的思路走，成交就变得容易许多。

生活小剧场

　　小A看了看手表，还有一个小时登机，于是准备逛逛周围的卖场。逛到一个卖西服的店铺时，售货小姐迎面走了过来。她的第一个问题是这样的："您好，先生，请问您要穿正式的西服款式还是休闲一点的？"

　　"我随便看看。"小A随口说。

　　"先生您随便看，"售货员稍微侧开了身子，接着说，"我看您都在看休闲的款式，您喜欢黑色的还是蓝色的？"

"我看看。"小A扫了一眼货架上的西服回答。

"您随便看，"售货员跟着小A，接着说，"我看您偏爱黑色的西服，您觉着单排扣好些还是双排扣好些？"

"单排扣。"小A回答。

"嗯，我也觉着单排扣很适合您，您穿几码的？我给您拿下来试试。"售货员热情地说。

"50。"小A顺口说。

"好，找到了，您来试一下。我们这边有裁缝师，可以根据您的喜好进行裁剪。"

等小A穿着西服出来以后，售货员打量了一番，问："先生，您站好，我让裁缝师帮您量一下裤长，好吗？"

"好的。"

"到鞋跟，长度可以吧？"

"可以。"

"袖长也合适，您觉着呢？"

"好像有点长。"

"没问题，要裁缝师修剪一下就好了。"

"好，先生，您可以去换衣服了，然后我让裁缝师帮您裁剪一下。"

"多少钱？"

"3800元。"

"能便宜点儿吗？"

"这样先生，我给您打个折，收您3000元，这可是再实惠不过的价格了，您到那边付款就可以。"

就这样，十分钟后，小A拿着新买的西装走出了西装店，事实上小A感觉晕乎乎的，因为自己明明只是随便逛一逛，结果不知道怎么就买了一套西装。

在这场成交战中，售货员通过各种方式不断向顾客提出请求，要顾客做选择，在售货员一步步的引导下，最终实现了成交。其实成交很简单，简单来说就是：要求，要求，再要求！要求是成交的关键，然而很多销售员在和顾客沟通的过程中根本不敢提要求，最典型的一个表现就是在销售快要结束的时候不敢要求顾客成交，结果顾客犹豫了半天还是没买。

要想最终达到销售目的，应该从一开始就假定这笔生意会成功，然后在每次和顾客说话时都假定顾客会买，在此基础上提出一些要求，比如要顾客选款式、试衣服等，这样一步步地假设，一步步地提要求，顾客就会顺着你的思路，很自然地掏腰包。

在整个过程中，你可以运用这些语句来增加成交的概率：

"您试试这件，这是今年夏天最流行的款式。"

"您是喜欢这种款式还是喜欢那种款式？"

"刚才的疑惑都解决了，请问您需要买几款？"

"麻烦您确认一下。"

"产品的质量我们实行三包，请您填一下订单。"

"您是刷卡还是现金？"

"您到收银台交款就可以了。"

场景练习

　　小A正在打电话推销一款产品，经过一番介绍，小A觉得对方有购买的意向，于是说："先生，看样子您已经很满意了，我现在给您下订单吧。"

　　"哦，我先考虑一下。"

　　"那好吧，如果您考虑好了随时打我电话。"

　　很可惜，小A错失了一笔本可以成交的订单。很多时候客户不会主动提出成交要求，而如果销售员不积极，就可能拿不到订单。如果你是小A，当对方说先考虑一下的时候，你会怎么办？思考一下，想想怎样才能实现最终成交。

_____

_____

_____

_____

学会拒绝客户的不合理要求

对于任何一个企业来说，客户的重要性不言而喻，没有客户就没有买卖。然而令销售人员头痛的是，一些客户往往会提出一些过分的要求，如果拒绝的话，怕引起对方不悦，如果答应的话，又会损害自己的利益。为此，很多销售人员十分纠结。事实上，销售人员在处理与客户的关系时有很多灵活的方法，如果掌握了其中的奥妙，拒绝客户也不会伤害感情。

生活小剧场

小A是一家汽车维修中心的销售员，今天来了位客户，看了许多汽车配件，可是等到小A开完单子要对方付款时，对方却不肯了，一会儿看看小A，一会儿看看单子，和小A砍起价来。客户的意思很简单：我买你的配件，但是你得做出价格让步。小A心里明白，这是位砍价高手，但是给出的价格已经很低了，再者价格之前都谈好了，现在客户竟然出尔反尔，但毕竟客户就是上帝，为了拿到这笔单子，小A还是努力保持着微笑。

"其实，刚才我看到您一心想买，就拿给您最低价了，我要是故意给贵，那不是把您往外赶吗？而且咱家的配件都是厂家直供，不会比其他的贵，要不，您调查一下市场再来订货？说实话我已经尽量降低我的利润了，而且我也是诚心要和您合作的。"

客户听了，沉默了一会后，把款结了。

拒绝别人，往往是一件令人不好意思的事情。但是，在销售过程中，如果客户提出了许多不合理、不能接受的要求，一定要学会拒绝，以此维护自己的利益。那么具体应该怎么做呢？以下是几个小建议。

1. 掌握拒绝客户的基本要领

拒绝人终究是一件不好开口的事儿，为了避免破坏和客户的关系，要掌握以下基本要领。

（1）耐心倾听

即使在客户诉说的过程中，你已经了解到你必须拒绝他的要求，那么也不要当即拒绝，而是应该耐心倾听。这样一方面可以确切地了解对方要求的内容，另一方面也可以表现出对客户的尊重。

（2）注意表情

在拒绝接受对方的要求时，表情上应和颜悦色，这样能在一定程度上减少你给对方造成的伤害。另外，还应该显露出坚定的态度，即不会被对方说服而打消或修正拒绝的初衷。

（3）给出拒绝的理由

在拒绝客户的要求时最好给出拒绝的理由，这样做一方面显得真诚，另一方面有利于维持你和客户的关系。

2. 用幽默的方式委婉拒绝

直接拒绝客户的要求通常是不可取的，而如果用幽默的方式委婉地拒绝，则可以化解客户被拒绝的尴尬与不快。

美国总统富兰克林·罗斯福曾在海军部担任要职。有一次，他的一位好朋友向他打听海军在加勒比海一个小岛上建立潜艇基地的计划，罗斯福神秘地向四周看了看，压低声音问："你能保密吗？"

"当然能。"

罗斯福微笑地看着他，"那么，我也能"。

富兰克林·罗斯福用轻松幽默的方式拒绝了好友的请求，又不使对方难堪，取得了极好的语言交际效果。

在销售过程中，如果客户提出有损公司利益的要求，比如要一些设计资料，那么你也可以套用以上方法，例如问："你是否忠诚于你们公司呢？"对方肯定会回答："是。"这时你就可以说："那么，我也是。"

3. 用你的难处拒绝客户

面对客户提出的不合理要求，销售人员可以通过夸大困难的方式，把自己塑造成弱势的一方，这样可以令顾客放弃要求。

小A在一家医疗器械公司做销售，有一次和客户谈交易价格，对方以采购数量大为由来压低采购价格。小A说："虽然我是这次项目的负责人，但是实际上我只是个打工的，这已经是我能给出的最低价格了，如果您坚持不同意，那我只好卷铺盖滚蛋了。"客户听小A这么说，笑了笑，然后签下了合同。

场景练习

小A在一家小公司做销售。有一次，他碰到一位客户，这位客户提出了很苛刻的要求，要他提供公司全部的印刷品，而且还需烫金，用快递的方式发送。小A觉得对方的要求有点过分，但是该怎么委婉拒绝客户的要求才能不惹怒对方呢？

试着帮小A想一个办法，该怎么拒绝客户。

_____

_____

_____

_____

场景练习答案

登门槛效应：先提小要求再提大要求

比如，你正在追求一个女孩子。不要马上直截了当地表明爱意，甚至把爱意表达得太强烈。这样会让对方无所适从，甚至躲避你。不如先邀请她一起吃饭、看电影、逛公园等，等到实现这些小要求后，再自然而然地提出让她做你女朋友的请求。

互惠原则：让老客户帮你介绍新客户

我教给小A的方法：可以和客户聊聊他的发家史或是他在这个行业的优势。然后说和他做生意非常愉快，他一定认识一些有相同需求的人，希望能够把自己推荐给其他人。

先问客户需求，再提自己的要求

如果我是小A，我会：先问几个问题，比如"您觉得花钱提高效率这件事合算吗？""您升级一次的费用是多少呢？""升级后是否出现过开不开机，或者电脑运行缓慢的情况？""是否发现没过多长时间电脑又开始卡了？""您听过电子产品换新不换旧的说法吗？"再根据对方的回答情况进行分析，就能得知对方的真正需求。最后列举一些购买新电脑的好处，提出购买建议。

假设成交：向顾客提出成交要求

问客户："您当前的顾虑是什么呢？价格、功能、质量还是售后？"一般顾客会顺着你的提问进行选择。比如选择了价格，这时你可以继续说："那您的预期是多少呢？3800元还是更便宜一些？"（这里的价格要稍微高一些）顾客自然会选择更便宜一些的。这时继续向成交靠近："您真是赶巧了，我们现在正在搞活动，原价都是3800元卖的，现在购买只要3500元，而且送您3个大礼包，您看一下。"就这样一步步引导客户实现成交。

学会拒绝客户的不合理要求

我的方法：向客户说明自己的难处，比如和对方说，如果是淡季，可以满足这些要求。但是现在正是旺季，如果按照对方的要求生产，成本过高且生产周期太长。

第十二章

向老板提要求，重点是让他看见你的努力

初入职场，大部分人都小心翼翼、谦虚谨慎，在功劳簿面前将自己埋藏起来，但是经过一段时间后，我们发现要想得到升职加薪的机会，不仅需要工作的磨炼，还要让老板看到我们的能力，大胆地提出要求。

简单几招，让领导痛快地给你批经费

很多人觉得向领导提要求就等于"与虎谋皮"，比如向老板提经费要求，弄不好还会让老板误以为自己在借口贪图利益。其实只要你提的要求是合理的，提要求的方式是对的，就不会引起领导的猜忌，甚至领导会很信任你，痛快地给你批经费。

生活小剧场

小A和小B都是某家公司产品宣传部的职员，两个人都负责在网站上寻找置顶广告的合作。小A找到了某个网站某分类目录下的置顶广告，费用不贵，只有几百块钱，但是去和老板提的时候却被老板驳回了，小A是这么说的："老板，我找到了一家网站，可以做分类目录的置顶广告，费用是五百块，您批一下。"

小B也找到了合作方，不过小B需要的经费很高，但奇怪的是，小B的经费请求却被接受了。小B是这么说的："老板，我找到了一家网站，可以做分类目录的置顶广告，费用是5000元/周，这个页面每天的浏览量是3万，因为这个分类跟我们的业务比较接近，所以用户相对精准，我想先投放一周看看效果，您看如何？"

有些人不会向领导提经费要求，总以为只要简单地和领导说一声就能得到经费，而事实上你用什么样的方法就会得到什么样的结果，只有注意方式和方法才能事半功倍。而有些人则害怕向领导提经费要求，这是很正常的，要钱的事儿肯定是不好开口的，而且还会有种种担心：提的经费太多，怕老板不答应；提的经费太少，又不好意思开口。

不管怎样，要领导痛快地批经费都是一件比较难的事儿，不过只要掌握一些技巧，并且熟练运用，就很容易争取到经费。以下是要领导批准经费的几个小技巧。

1. 有理有据而不是随便开口

毕竟是要钱的事儿，如果张口就来，而且还毫无根据，简单地交代一下，那么得到经费的概率几乎为零，所以在向领导提经费要求时一定不能含糊，而是要有理有据，把需要的理由拿出来，这样领导才会认真地考虑成本和收益的关系，考虑值不值得批准你的经费。

2. 让领导觉得你的要求是成本而不是一笔费用

既然是提经费要求，无非就是要领导增加支出，不过同样是支出，又存在着成本和费用的区别，那么该怎么区分呢？

举一个简单的例子，如果做一道菜需要的是材料和人工，那么这些直接和菜挂钩的东西就叫成本，而平时餐厅的房租、水电等就叫费用。

虽然成本和费用都是越少越好，但是提哪一项更容易让人接受呢？当然是成本。因为同样是一笔支出，费用只会让领导想到损失，而成本则会让领导想到收益。所以在提经费要求时，首先要让领导觉得这是一笔和未来收益相关的成本，而不是当下花费的费用。

3. 把你的要求包装成"最后一勺盐"

在一个项目上，如果前面已经花了很多费用，那么现在只要再多花一点钱就会有收益，而如果不花的话，前面的也会彻底亏掉。这时即使领导再小气，也不会舍不得花这笔钱。

这就好比是一锅汤，前面已经放了最昂贵的食材，现在只差一勺盐，如果不放的话，就会寡淡无味，所以这最后一勺盐是非放不可的。

这就给了我们启发，提经费就好比是这"最后一勺盐"，即使不是，我们也要用各种方法将其包装为"最后一勺盐"。比如这样说："经理，整个项目马上就要完工了，只要把张总那边的尾款结算一下，这次项目就圆满完成了，您看？"在这种紧迫感和必要性兼具的情况下，领导就会很痛快地批经费。

4. 把"我想要"变成"他想要"

你有没有发现，很多时候明明你的要求很简单，而且也很合理，但是领导就是不肯痛快地答应，为什么呢？很多时候是因为他觉得自己的权利受到了挑衅，所以向领导提要求时，切忌让对方产生被胁迫的感觉，反而应该把自己想要的变成领导想要的，让领导觉得你提出的要求其实是他从工作大局的角度做出的英明决策。

比如这样说："就像我说的那样，现在我们所有的条件都已经具备了，只差一口干饭，大家就能够全心全意地投入工作了，可是现在我们都有心无力啊，领导，您说怎么办吧？"

场景练习

小A在一家小公司做销售，老板是一个很抠门的人，每次向老板讨要项目经费时，小A都很苦恼。一次，小A负责一个项目，项目已接近完成，可是由于前中期开销很大，预算经费已然不够。该怎么向老板再申请些经费呢？万一老板说就用剩下的钱硬撑该怎么办？

思考一下，试着帮小A想想办法，该怎么向老板提经费要求才不会被拒绝。

_____

_____

_____

_____

大胆开口向老板提升职

美国职场专家索瑞斯曾说："即便你是职场新人，只要你认为'职位和能力不对等'了，那你就有必要向领导阐明观点，要求晋升！"但是事实上，很多人都不敢开口向老板提出升职要求，所以我们会经常看到埋头苦干、任劳任怨地在工厂里干了十几年，却仍然没有得到提拔的老员工。

机会总是要自己争取的，升职也是一样。如果你在3、4月份的跳槽季过后，仍然愿意继续为"老东家"鞠躬尽瘁，那么作为已经在公司工作几年的元老级员工，理应大胆地提出你的晋升要求。

当然，在提要求时不能鲁莽，而是应该掌握一些技巧，否则也很难达到自己的期望，甚至还会把好事变成坏事。

生活小剧场

小A是带团队的高手，在她的带领下团队业绩三连跳，小A自诩能力不错，于是向老板提出升职的要求。

"李总，您也看到了，这几个月团队在我的带领下拿出了不错的业绩，我觉得我可以胜任部门经理的位置。"

"你的能力我看到了，不过你来公司的时间并不是很长，其他业务还需要慢慢熟悉。虽然现在部门经理位置有空缺，但是公司已经有安排了，不过你也放心，只要你能保持住劲头，这个位置迟早是你的。"老板很委婉地说。

"可是公司里的职位不是有能力者居上吗？"小A很不服气。

"是这个道理，可是……"老板觉得小A有点儿胡闹。

"如果不考虑，我就辞职。"小A不知哪儿来的脾气。

"那你可以暂时休息一下了！"老板冷冷地说。

就这样小A赌气回去休息了几天，最终还是主动找到老板央求回来工作。

为什么小A的能力超群，但是在和老板提升职要求时还是被拒绝了？首先小A提要求的时机不当，部门经理的位置公司已经有了安排；其次，小A虽然在短时间内做出了业绩，但是还不具备晋升为部门经理的能力；最后，小A的方式有问题，没有老板喜欢被威胁，而小A偏偏做了，如果不是小A能力强，很可能已经被辞退了。

在职场中，每个人都渴往升职，很多人几年磨一剑就是为了升职。升职后可以获得更好的发展机会、更广阔的发展前景，但也正因为如此，谈升职成为许多职场人忧虑担心的事情：如果谈得好，升职在望；但如果谈得不好，不仅会影响工作，严重的还会丢掉工作。

那么究竟该怎么开口向老板提出升职的要求呢？以下是几点建议。

1. 从分析公司类型着手

不同类型的企业有着各自的升职加薪规律，一般来说，国企、创新型企业和业绩导向型企业都有各自不同的升职规则。

比如在国企中，升职主要靠资历和人缘；在创新型企业中，主要靠出众的才华和创新意识，按资排辈的现象较少；而在业绩导向型企业中，业绩又成了衡量升职的重要标准。

所以提出升职要求的第一步是分析自己所在公司的类型，然后有的放矢，增加升职的可能性。

2. 不打无准备之仗

在提要求前把自己的谈判内容准备好，不打无准备之仗。比如，为什么想要升职？自己有能力做哪个职位？现在公司有职位空缺吗？升职后自己应该怎么做？怎样增加升职的成功率？如果老板拒绝了该怎么办？如果老板说自己有些地方不足以胜任自己想要的职位，应该怎么回复？

诸如此类问题都要弄清楚，然后想出应对之策，毕竟升职是一个关乎你职业发展的事儿，所以一定要认真对待，不要现想现编。

3. 根据老板的类型提要求

所谓"知己知彼，百战不殆"，老板有多种类型，我们要做的是根据老板的思维方式和性格特征对症下药。一般来说，在职场中有三种类型的老板。

第一种是画大饼型，这样的老板喜欢谈理想、谈未来，所以在这样的老板面前，你一定要拿出自己昂扬的斗志和坚定的决心，你可以直截了当地把自己的工作经历、获得的荣誉和所具备的能力一并说出，然后提出自己对某个职位的想法。

第二种是打太极型，这样的老板不好搞定，每次你提出什么要求，对方总是绕来绕去，或是说考虑一下，然后就不了了之。对于这样的老板，你必须要让他对你重视起来，比如旁敲侧击地表示最近有公司邀请自己入职。

第三种是业绩指向型，这样的老板通常以业绩为主，如果你有足够的业绩和能力，直接提出来，老板自然会考虑的。

4. 敢于表达，就像是在推销自己

谈升职最重要的是要非常清楚地知道自己想要什么，然后清楚地表达出来，而且要大声勇敢地说出来，就像是在推销自己一样。表达能力是老板很看重的，如果你连话都说不清楚，还怎么指望老板给你升职？

至于和领导谈什么，由自己定，不过终究离不开这几点：你的能力、工龄、领导力和决定性。

场景练习

小A在一个岗位工作了五六年，半年前，老板对小A说要给他升职，可是后来就没了动静，现在马上要续签合同了，如果续签合同不是新职位，小A真心不想做了。所以小A想在此之前提醒老板给自己升职的事儿。

试着帮小A想想办法，怎么向老板开口。

_____

_____

_____

_____

向老板提加薪1：积累加薪资本

　　每到年底，办公室中最关注这三件事：年终奖、跳槽和来年的加薪。而提到如何向老板提加薪，大多数人都慨叹"加薪难，难于上青天"。比如很典型的例子，第一次提加薪时紧张无比，手都不知道放哪儿，又或是提加薪前胡思乱想，怕被老板批评、拒绝，又或是在和老板提加薪时丝毫没有准备，结果事儿没办成，把自己弄得灰头土脸。

　　如果你有提加薪的资本，就完全不一样了，你不会感到胆怯，而这些资本能够给你信心和底气，帮助你开口提要求。

生活小剧场

　　小A因为薪资问题的困扰在某招聘网站给招聘老师留言，以下是留言的内容：

　　"老师您好，我在一家公司做文员工作，来公司已经一年多了，可是工资一直没张过，而且工资较低。我一直告诉自己：会涨的，会涨的。可是我现在觉得自己不能再被动地等着公司主动给我涨工资了，我想要主动提出要求，但是又不知道该怎么和领导说，您能帮帮我吗？"

以下是老师的回复：

"我觉得在主动提加薪之前有必要分析一下工资一直没涨的原因，是公司业绩不好还是因为个人原因没有调薪。而且一般来说，员工作为相对弱势的一方，在和公司提加薪要求时最好要积累一些资本，这些资本可以是你能力的提升，可以是你为公司带来的效益，也可以是你这一年做出的业绩。总之，你提加薪的资本越丰厚，你得到加薪的概率就会越大。"

每一个职场小白，都有一个杜拉拉式的升职加薪梦，不过为了这个梦，有些人在现实中拼命地提升自己，而有些人却安于现状，把升职加薪的希望寄托在工龄上。其实，"加班时间长""房贷高"都不是涨工资的依据，对于老板来说，他们的加薪标准最根本的是你的核心竞争力，是看你能够给公司带来多少价值。因此，向老板提加薪首先要积累提加薪要求的资本，让自己变得更有价值。

举一个简单的例子，如果你是某个部门的产品经理，你想要和老板谈谈加薪的事儿，首先要做的是思考自己，拿绩效说话。比如这一年中，在你的主导下产品是否不断进行迭代，留存、交易额等指标是不是有稳定的上升，市场的反馈是否良好，合作方是否满意，等等。这些都是你谈加薪的筹码。

至于怎么积累加薪资本，道理很简单，就是努力工作、用心工作、用脑子工作。

场景练习

　　小A在一家互联网公司的基层岗位任职，虽然工作很辛苦，也经常加班，但是她没有什么突出表现，而让小A郁闷的是两年都来没有涨工资。她想过向老板提涨工资，可是又觉得自己做的事情不太重要，怕主动提加薪会被老板嫌弃。

　　如果你是小A，正遇到这样的境况，你会怎么办？思考一下，帮小A拿个主意。

_____

_____

_____

_____

向老板提加薪2：掌握一些小套路

在职场中，相信很多人没有主动向老板提加薪的想法，总觉得加薪这种事情应该是老板主动说，如果自己主动，不但不好意思，万一被老板拒绝还会很尴尬。但是事实上，你和公司本就是雇佣关系，你为对方创造价值，对方为此支付报酬，这无可厚非。而如果你创造的价值越来越大，提出更好的薪资要求也是理所应当的。

另外，并不是所有公司都定期评估薪资，所以有时候即使你做得真的好，不主动提出来，老板也不会主动给你加薪，除非到了迫不得已的时候，比如你要离职。所以申请加薪这件事儿，该提的时候就提，不要犹豫不决。

生活小剧场

小A勤勤恳恳在公司奋斗了五年，可是工资还停留在三年前的水平，老板不说，她也不敢提。小A私下里多次向男朋友抱怨工资太低，男友鼓励她，要她主动跟老板提加薪要求，但是小A总是不肯。她总想着，要是被老板拒绝了，那多没面子。

现在已经是第五个年头了，小A终于想明白了，如果自己不提要求，老板是不会主动给自己涨工资的。于是小A鼓起勇气，向老板提出加薪要求，列举了自己五年来在公司的功劳，做出的贡献和所有的数据资料。结果老板很自然地答应了。

小C进入公司时一纸空白，工作两年时间，小C考取了相关的专业资格证书，在自己的岗位上辛勤工作，其间还参与了几个大项目，进步挺大，而且他的位置属于不可或缺的，如果离开的话会给公司造成不少损失。不久之前，其他公司来挖小C，小C了解了一下市场行情，打算主动向老板提出加薪要求。

在此之前，小C还好好准备了一番，他先是整理了一些数据，比如指标的完成情况、个人能力的提升、业务范围的拓展情况等。而且，他还制作了数据表格，详细阐述了自己的工作量、工作范畴和他人的对比情况。

怎样才能实现加薪？首先必须得开口，不开口和开口差别真的很大。举一个很简单的例子。如果你去商场买衣服，新挂出来的流行款式只剩最后一件，如果你问一句能不能打个折，那么有两种可能，一种是你会得到折扣优惠，另一种是被拒绝。而如果你不提，对方可能根本不会跟你提起打折优惠。同样提加薪也是这个道理，如果你不主动，总是等着老板给你涨工资，那么很可能等不来涨薪的春天。

其次，跟老板提加薪得有技巧、有战略，不能两手空空什么也不准备就去提要求，而且还要注意方式方法，掌握一些小套路，这样才能事半功倍。

以下是几个向老板提加薪的小套路。

1. 总结一些战略层面的东西

在提加薪要求之前，有必要总结一些战略层面的东西。比如了解一下目前的市场行情；认清自己的差异化优势——在部门有核心竞争力还是随时可以被取代；充分了解公司的加薪制度；分析一下加薪成功的同事，从中寻找加薪的理由；等等。

2. 把握好加薪时机

一个好时机，会让你事半功倍。一般来说，公司都有固定的加薪周期，而且一般会在调整薪资前的一个月做人才盘点和薪资调整计划，所以要留意一下，不要等公司预算已经做好了再去向老板提加薪，这时即使老板真想帮你调整，也可能不会同意。

好的时机还应该是老板心情愉悦的时候，千万不要在老板有情绪的时候去谈薪资，这样往往得不到好结果；好的时机应该是公司业绩蒸蒸日上的时候，千万不要在公司业绩下滑的时候去提加薪；好的时机还应该是自己工作状态好的时候，如果工作上总出问题，最好还是不要去冒险了。

3. 注意怎么谈，谈什么

在向老板提加薪时对话一定不要太突兀、太生硬，如果你上来就说"老板，我要求加薪"，这样未免有些尴尬。你可以先从最近的工作状态入手，然后再谈及自己的劳动成果。其间不要忘了表达出自己的差异化优势或者核心竞争力。

另外，在表达时，一定要精练并且加上数据，不要似是而非地谈，不要啰里啰唆一大堆，你知道浪费老板的时间会是怎样的后果。

▌场景练习 ▌ ⏵

小A已经在公司二作了两年，在这两年期间，小A向老板提过加薪，老板的应对方法是能推就推，能躲就躲，这让小A很苦恼。一天，老板要小A写一份可行性分析报告，小A想同时写一份加薪申请书，可是不知道怎么写合适。

请帮助小A完成申请书内容。

尊敬的领导：

您好！

我来公司已近三年了，自有幸进入公司以来，本着以公司为家的心态，始终以饱满的状态投入工作中，力求把工作做得尽善尽美。

_____

_____

_____

_____

　　基于以上实际情况，恳请领导考察并同意给我提高薪水。

　　　　期待您的答复！

　　此致

　　　　敬礼！

　　　　　　　　　　　　　　　　　　　　申请人：

　　　　　　　　　　　　　　　　　　　　年　月　日

要求调换工作岗位，这几点要搞清楚

在职场中，要求调换工作岗位是很正常的事，如果你已经考虑好诸多调换岗位的因素，就勇敢地去向老板提要求。当然，如果考虑不周全，或是方式方法不当，不仅不会达到调换岗位的目的，还会给老板留下不好的印象，甚至被辞退也不是不可能。

生活小剧场

小A在一家电器公司做了3年的钻孔工，同部门岗位一共有10个人，工资的结算方式是计件，然后10个人平分，所以每个人拿的工资都是一样的。但是小A觉得自己的工作量比别人大，而且又做了3年，公司理应帮自己调换一下岗位。小A先是把自己的想法告诉了班长，但是班长决定不了，于是小A直接找到了厂长。

经过一番沟通，厂长是这么回复的："其实在车间里没有人不辛苦，做这个产品你可能会辛苦一点，但做另外一个产品，你这里可能会稍微轻松一点。不可能说总是一个人受累，或者轻松的活都给你一个人做，这样也说不通。"

被厂长拒绝后，小A觉得很郁闷，索性自己岗位的工作也不好好做了，隔三岔五地找厂长，要厂长调换岗位。厂长也被追得烦了，明确地告诉小A不能调换岗位，要么干，要么收拾行李走人。小A不服气，于是在厂子里闹事，工作也不做，最后被公司辞退，理由是小A的行为影响了公司的正常生产秩序。

在小A看来，调换工作岗位是一件很合理的事儿，但是却被公司拒绝了，于是他在工作期间一直和公司对着干，结果没调成工作岗位不说，还把自己的工作弄丢了。其实，不论是出于什么原因调换岗位，都应心平气和地沟通，切忌做出不理智、任性的行为。

那么，该如何向老板提出调换岗位的要求呢？以下几点要搞清楚。

1. 搞清楚自己为什么要换岗

在确定调换岗位之前，首先要搞清楚自己为什么要换岗，是因为和同事不和，还是与现在部门领导关系不好，又或是因为自己所在岗位不能充分发挥自己的优势。

如果是因为和同事不和，那么最好是从自身找原因；如果是因为不能胜任现在的岗位，那么需要做的不是换岗位，而是学习适应岗位；而如果是因为岗位不能发挥自己的优势，想要去更适合自己的岗位发展，那么可以考虑向领导申请调换岗位，但是前提是你有一定的能力或业绩，否则得不到老板的认可，你申请调整岗位获得批准的可能性就会很小。

2. 提出调换岗位要有技巧

经过评估后，如果觉得自己调换岗位的要求确实合情合理，那么接下来就要准备一些技巧来增加调换岗位的成功率，比如以下几个小技巧。

（1）选择合适的时机

选择合适的时机能避免你成为"麻烦制造者"。不要赶在大家都很忙碌的时候向领导提出调换岗位，这样肯定不会有好果子吃，而是应该选择一个相对来说不忙的时间，或是阶段性的任务完成的时候，这时调换岗位的成功率较大。

（2）多一点坦诚，少一点套路

在提调换岗的要求时，一定要多一点坦诚，少一点套路。不要直接上来就提要求，这样会显得很突兀，而应该从自己所在岗位的状况入手，汇报一些成绩，谈一些个人想法，然后提出调换岗位的要求。

比如可以这样说："这段时间以来，目前的岗位让我感到获益匪浅，但是我觉得在这个岗位发挥不了自己的优势，所以我希望单位给我调整一下工作岗位，我想到外贸部去工作。我知道调换岗位对单位来说很麻烦，但如果我能够到外贸部工作，我可以利用手里的一些资源，这样不仅能更好地发挥出个人作用，还会给单位业务的提升带来帮助。当然，这只是我个人的考虑，不管您是否同意，我都会一如既往地干好自己的工作。"

（3）做好善后工作

一般来说，提出岗位调整的要求后，老板都会考虑一番。在这期间，切莫乱了阵脚，一定要一如既往地干好本岗位的工作，尽可能地保持一颗平常心。

场景练习 ▶

同部门的同事刚刚辞职，小A一直想换个岗位，但是又想到现在公司不好招人，而且领导曾经表示有裁员的想法，小A担心自己的要求会被拒绝，但是自己确实很想换岗位，所以很纠结。

请帮小A决策一下，是否该换岗位？如果换，又应该怎么和领导说？

_____

_____

_____

场景练习答案

简单几招，让领导痛快地给你批经费

我的方法：可以和老板这么说："老板，现在的项目已经接近尾声，可是为了保证更好的质量，前中期花费多了一些，如果不投入更多经费把最后的阶段扛下来，很可能会虎头蛇尾。"

大胆开口向老板提升职

我觉得这样开口比较合适："领导，我已经在这个岗位工作五六年了，不论是对公司还是对工作，都已经有了足够的认识。就目前来说，我可以胜任更高的职位，这样更能发挥出我的能力。"

向老板提加薪1：积累加薪资本

我的主意：先直接向老板提一下涨工资的事，如果被拒绝，也不要太忧伤，这说明自己的加薪资本不够。想一想是不是自己工作效率不高，所以才一直加班，一直很辛苦，又或是自己业绩平平，因此不被重用，想一想怎样才能提高业绩，等积累了一些资本后再

去提加薪的事。

向老板提加薪2：掌握一些小套路

在过去的三年中，我工作兢兢业业，拿下了××订单，给公司盈利×万（节约了×的成本）；根据部门需求，打造了一套合适的××，将××率降低了××；同时也培训了一些新同事，提升了他们的工作技能；为了提升自己，我还学会photoshop等软件，并且能熟练运用在工作中。

以上这些其实都应该感谢公司领导对我的栽培和帮助。基于对公司的热爱和对领导的信任，也鉴于现在的工作职责范围和工作强度，我希望月薪是××××元。

想向领导提调换工作岗位，这几点要搞清楚

我的想法是：首先分析一下换岗位的原因，比如自己所在岗位前景不好，所调岗位有更好的职业发展，或是其他一些原因。先搞清楚这些，然后再根据公司的实际情况和个人能力考虑换岗位的必要性和概率有多大。现在领导有裁员的想法，但是空缺的岗位又不好招人，是矛盾，同时，也是机会。如果自己调岗后会有更好的发展，就直接和领导说，比如："我擅长的领域其实是××××，而且我手上有×××资源，如果能换到×××岗位，我相信不管是对个人还是公司来讲都是一件好事。"

你以为的并不是你以为的

——送给大胆提要求的你

有很多人害怕提要求，是因为害怕遭到拒绝。其实回头想想，恐怕只有小的时候才能肆无忌惮地提出"想喝奶""想吃糖""想要玩具"的要求。随着年龄的增长，我们愈发变得谨慎起来，在提出要求前都会做出种种考量：这样冒昧地麻烦别人是不是不好？提的要求会不会让别人感到为难？自己的要求是不是有点过分？

我们不能像小时候那样简单地提出要求，往往是因为我们考虑得太多，缺乏提出要求的勇气。但事实上，很多困扰都是我们自己给自己设置的心理障碍，比如说同样一个要求，你可能觉得很为难，犹犹豫豫不敢开口，在对方看来却是一桩再简单不过的事，只要你提出来，对方就会认真考虑。同理，当你提出一个自认为很小的要求的时候，在对方看来却是一件比较为难的事，这也实属正常。

所以不管提出什么样的要求，先不要给自己设置心理障碍，你以为的并不是你以为的，你以为的很难的要求很可能在别人眼里只是一个小小的要求罢了。